配电自动化

典型异常事件分析

主编　李洪卫　徐启源

参编　李　阳　王佳佳　刘晓松
黄煜伟　赖汉柯　李龙飞
宋培璐　李小鹤　李国栋

中国电力出版社
CHINA ELECTRIC POWER PRESS

内 容 提 要

本书收集了配电自动化领域的异常实例，按照问题类别分为六章，包括规划设计、自动化主站、通信、运行方式、一次设备、二次设备的典型异常实例。针对每一个异常实例，书中都进行详细的分析，并提出了整改措施。

本书深入浅出，通俗易懂，实例分析兼具实用性和针对性，是一本价值极高的参考书，本书可供配电自动化专业技术人员阅读使用，也可供供电企业培训使用。

图书在版编目（CIP）数据

配电自动化典型异常事件分析／李洪卫，徐启源主编．—北京：中国电力出版社，2023.5
ISBN 978-7-5198-7313-4

Ⅰ．①配… Ⅱ．①李… ②徐… Ⅲ．①配电自动化－事故分析 Ⅳ．①TM76

中国版本图书馆 CIP 数据核字（2022）第 233184 号

出版发行：中国电力出版社
地　　址：北京市东城区北京站西街 19 号（邮政编码 100005）
网　　址：http://www.cepp.sgcc.com.cn
责任编辑：畅　舒（010-63412312）
责任校对：黄　蓓　郝军燕
装帧设计：北京宝蕾元科技发展有限责任公司
责任印制：吴　迪

印　　刷：三河市万龙印装有限公司
版　　次：2023 年 5 月第一版
印　　次：2023 年 5 月北京第一次印刷
开　　本：787 毫米 ×1092 毫米　16 开本
印　　张：11.75
字　　数：145 千字
印　　数：0001—3000 册
定　　价：60.00 元

前言

配电自动化是智能配电网的重要组成部分，是提高供电可靠性、改善电能质量的有效手段。同时，配电自动化是数字化转型的重要环节，在降低现场操作人身安全风险、提高全要素生产率、优化营商环境等方面发挥着重要的作用。

配电自动化是一项实践性很强的技术，需要配电自动化工作者具备处理现场问题的技能和技巧。培养技术人员对现场问题的判断与处理能力，帮助他们深入了解各厂家配电终端的特性、二次回路设计、通信规约以及主站逻辑等多方面的知识，并结合实践经验，对理论知识不断升华，是本书撰写的初衷。

本书作者均来自生产一线，具有丰富的现场经验，他们希望把现场的实战经验与配电自动化工作者分享，将现场经验汇编成书。经过一年多的收集、整理、分类、分析，最终定稿。

通过实例收集与分析可知，配电自动化自愈或快速复电失败原因，主要集中在配电终端；有的是终端存在逻辑问题，需要厂家对配电终端升级，有的是安装问题，有的是运维问题。本书对案例均进行了详细分析，并提出整改措施，以便读者在短时间内取得最大收获。

本书语言简练，尽量使用短句，以便读者提高阅读效率，尽快提高实际工作能力。

由于时间和水平有限，书稿或存在疏漏之处，恳请读者指正。

李洪卫

2022 年 12 月

目录

前言

第一章 配电规划设计典型异常事件

第二章 配电自动化主站典型异常事件

第三章 配电通信典型异常事件

第四章 配电网运行方式典型异常事件

第五章 配电一次设备典型异常事件

第六章 配电二次设备典型异常事件

第一章 配电规划设计典型异常事件

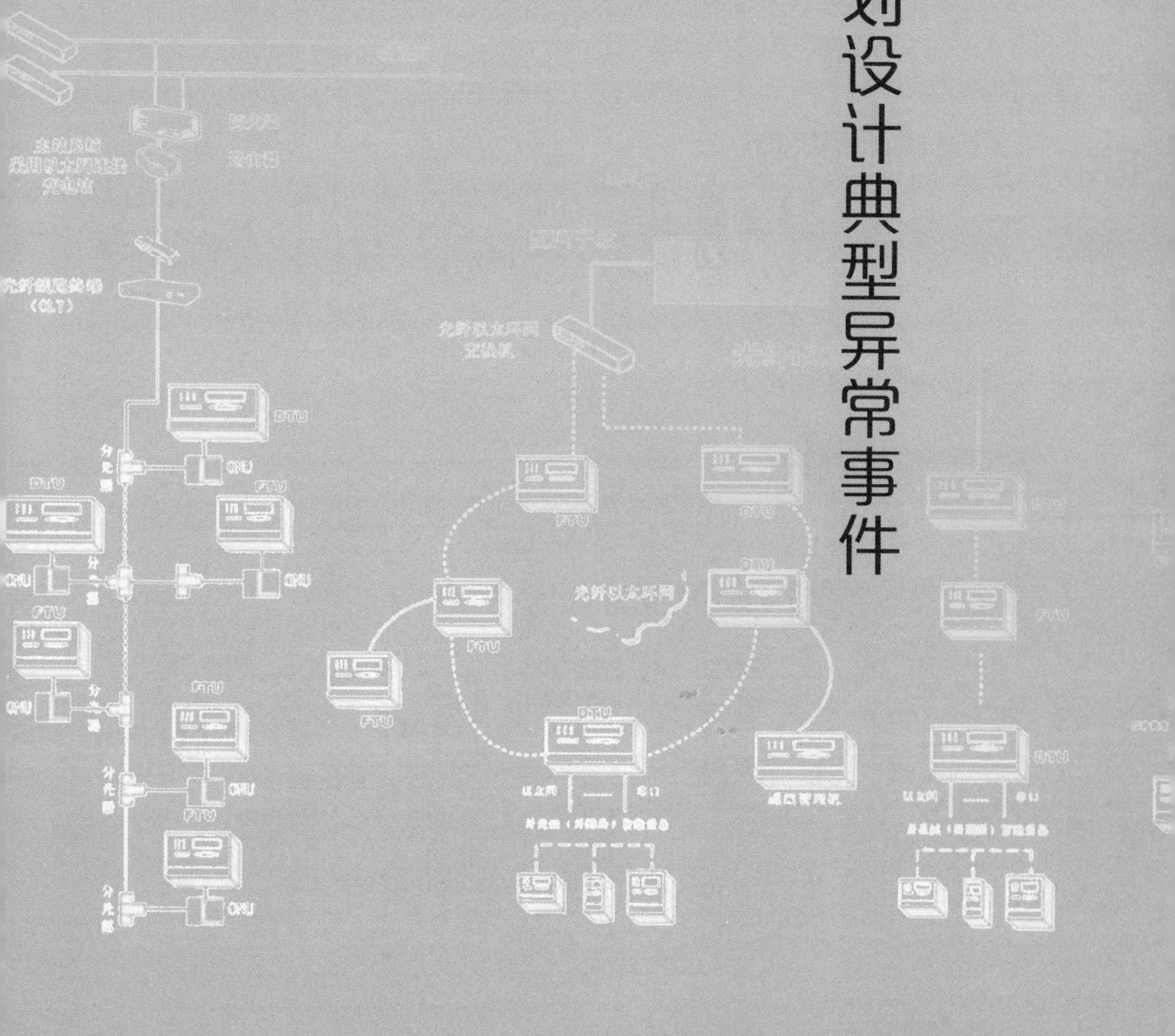

第一节 一次规划设计

·关于分段断路器进出线错误设计分析·

事件概述

2020年9月4日16时44分，110kV某变电站10kV馈线F01站外分段断路器柜602断路器跳闸，经查，2号公用柜603负荷开关至组网公用柜602负荷开关之间电缆故障，主站自愈启动，隔离故障成功，遥控合分段断路器柜602断路器，失败，前端复电失败。

事件过程

故障时，110kV某站10kV馈线F01运行方式如图1-1所示，该线路所带负荷为F01全线负荷，负荷电流约为124A。

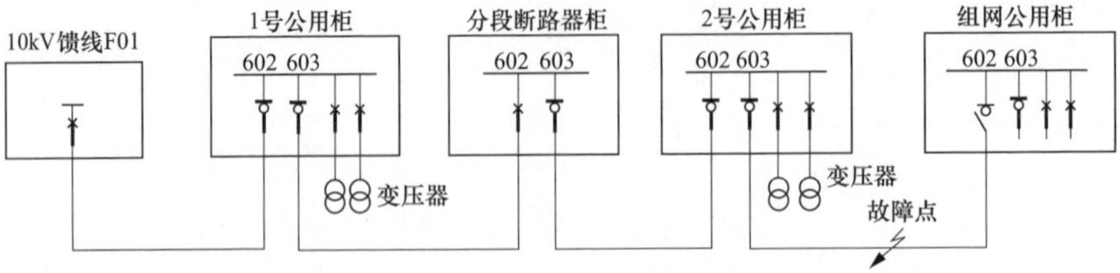

图1-1 110kV某站10kV馈线F01故障时运行方式图

10kV馈线F01上的1号公用柜、分段断路器柜、2号公用柜、组网公用柜均具备配电自动化三遥功能，配电自动化采用主站集中式。故障发生时，1号公用柜和2号公用柜的602负荷开关、603负荷开关均发出零序动作告警信号；分段断路器柜603负荷开关发出“零序动作告警”信号，602断路器零序保护动作，602断路器跳闸。

按主站集中式自愈策略，第一步，故障定位，主站根据以上配电终端的告警和保护动作信号，判断故障在2号公用柜603负荷开关至组网公用柜602负荷开关之间，故障定位正确。第二步，故障隔离，主站遥控分2号公用柜603负荷开关成功，故障隔离成功。第三步，非故障区域复电，遥控合分段断路器柜的602断路器，失败，复电失败。

设备检查及处理

1. 一次设备检查

现场检查，该分段断路器为弹操机构，可手动合闸，一次设备正常。

2. 二次设备检查

查OCS系统，断路器跳闸后52s，该配电终端发“电池欠压”告警信号，随后终端离线。

现场检查，分段断路器保护测控装置失电，电源管理模块（见图1-2）处于“关断”状态，蓄电池接线柱存在轻度腐蚀，测量电源管理模块交流输入（ACL和ACN）电压，显示为0V。测量电池接入端子（B+和B-）电压，显示为19.3V。经查，该电源管理模块“电池放电关断点”设置为21.0V，“电池放电关断延时”设置为2s。

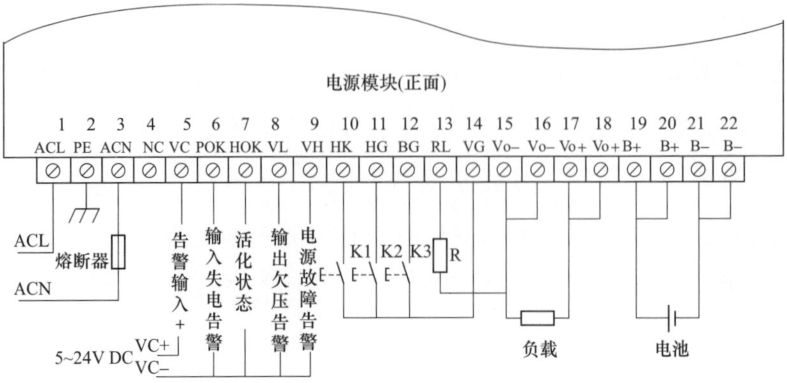

图1-2 电源管理模块接线图

3.处理措施

接调度员命令，使用操作杆合分段断路器柜602断路器，合闸成功。

送电成功后，发现分段断路器保护测控装置恢复正常供电，测量电源管理模块交流输入（ACL和ACN）两端电压为221V；测量电源管理模块电池接入正负端子（B+和B–）两端电压为26.7V；测量电源管理模块输出端子（V0+和V0–）电压为26.7V，终端各元件如保护测控装置、加密模块、交换机等，运行正常。

更换损坏的蓄电池后，电源管理模块“充电”灯正常点亮；断开交流空气开关，电源管理模块“放电”灯正常点亮，终端各元件运行正常。

分析与结论

配电终端配置了主供电源和备供电源，主供电源来自TV二次侧，备供电源来自蓄电池。正常情况下，TV二次侧电压输入电源管理模块，由电源管理模块变换成DC 24V为配电终端各元件（含保护测控装置）供电，并为后备电源（蓄电池）充电；当交流失电时，由后备电源为配电终端各元件供电。

本次事件，分段断路器柜的进线602断路器跳闸后，母排失压，TV失压，配电终端的主供电源消失，终端改由后备电源（蓄电池）供电，因蓄电池劣化，电量不足，在断路器跳闸52s后，保护测控装置失电（离线）。主站遥控合分段断路器失败的原因为分段断路器保护测控装置电源消失。

暴露问题

（1）分段断路器一次设备接线不合理。分段断路器有两种接线方式，“断路器（B）进，负荷开关（K）出”或“负荷开关（K）进，断路器（B）出”，两种不同的接线方式对故障隔离的效果相同，但对配电终端的供电可靠性不同，“B进K出”设计方式会出现B单元跳闸后，TV单元失压，对后备电源工况依赖性较高，且不能长期供电，配电终端最终会因失电而离线，进而影响配电自动化实用化成效；而“K进B出”接线方式，即使B单元跳闸，TV单元仍带电，配电终端不存在失电风险。

（2）设备巡视有效性不足。蓄电池的劣化情况未能通过日常巡视发现，按照有效巡视相关要求，运行人员需将“交流空开”断开，蓄电池能为终端供电至少15min，并测量蓄电池电压在合格范围内，以满足快速复电需求。

整改措施

（1）调整一次接线方式。将设备调整为“K进B出”方式，当后端发生故障，断路器单元跳闸不会使TV单元失压，配电终端仍由主供电源供电，供电可靠性高。

（2）提高二次设备巡视有效性。按照有效巡视要求，需断开“交流输入”空开，切换为蓄电池供电15min，满足自愈和调度快速复电时限要求。

（3）开展蓄电池健康状态在线监测。用历史数据进行分析蓄电池的健康状态、预估使用寿命，实时掌握蓄电池技术参数（如内阻）变化，从量变到质变时，发出告警信号，并上传至配电自动化主站系统，运维人员通过查询系统便可知蓄电池工况，对损坏的蓄电池及时更换，以提升配电自动化实用化水平。

第二节 二次规划设计

·关于跌落式熔断器熔断慢造成上级保护越级动作的分析·

事件概述

2020年7月4日15时44分，110kV某变电站10kV沙湾关线F04沙湾武警户外环网柜604断路器跳闸。经现场检查，故障设备为沙湾武警专用变压器。

运行方式

故障时，110kV某变电站10kV沙湾关线F04运行方式如图1-3所示。沙湾武警跌落式熔断器前端为沙湾武警户外环网柜，604开关为断

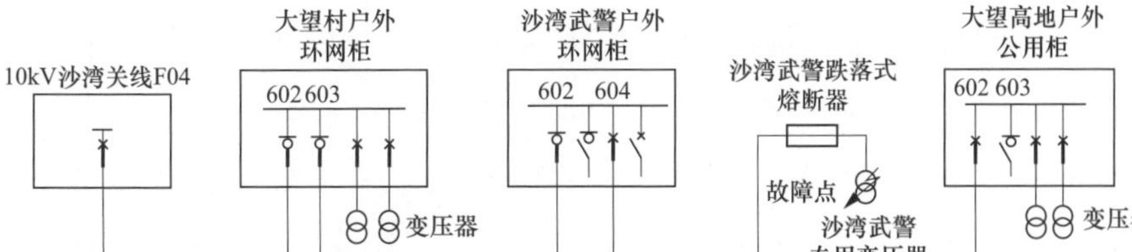

图1-3　110kV某变电站10kV沙湾关线F04故障时运行方式图

路器，配置保护测控装置；后端为沙湾武警专用变压器，专用变压器配置了跌落式熔断器。

设备检查

1.一次设备检查

10kV沙湾关线F04沙湾武警户外环网柜604断路器跳闸。沙湾武警专用变压器（容量为630kVA）低压出线母排发生短路故障，现场有一只死老鼠。沙湾武警跌落式熔断器，跌落式触头未有锈蚀，熔管安装角度满足规范要求，该熔丝未熔断。熔丝规格为65A，出厂日期为2018年8月。

2.二次设备检查

沙湾武警户外环网柜保护测控装置动作报告显示，604断路器过流Ⅱ段动作，故障电流为5.5A，动作时间0.62s。定值为5A/0.6s，TA变比为600/5，定值折算到一次值为600A/0.6s。

分析与结论

检查沙湾武警户外环网柜604断路器保护正确动作，二次故障电流为5.5A，动作时间为0.62s，604断路器的相TA变比600/5，通过计算，故障发生时，流经604断路器的故障电流实际为660A。

检查沙湾武警跌落式熔断器，设备状态良好，触头未有锈蚀和卡涩现象，安装满足规范要求，其熔丝规格为65A，后端的沙湾武警专用变压器为630kVA。按照GB/T 15166.6—2008《高压交流熔断器　第6部分：用于变压器回路的高压熔断器的熔断件选用导则》，变压器容量在100kVA及以上者，熔丝的选取标准按变压器额定电流1.5～2倍选择，容量为630kVA的变压器高压侧额定电流为36A，熔丝选取应为54~72A，故沙湾武警跌落式熔断器的熔丝规格选择65A，满足以上导则要求。

分析熔丝的时间特性曲线，熔断器的动作是依靠熔丝的熔断实现，其动作电流和动作时间为反时限特性，即当电流较大时，熔丝熔断所需的时间较短；当电流较小时，熔丝熔断所需的时间较长，若热量的积累速度小于热扩散速度，熔丝的温度上升到熔点的速度较慢，甚至熔丝不会熔断。熔丝时间特性曲线如图1-4所示。

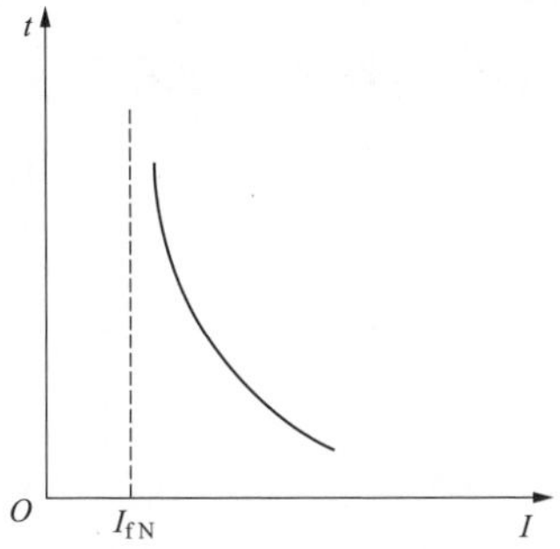

图1-4　熔丝时间特性曲线

依据电流–熔断时间特性曲线，65A的熔丝，当电流达到660A，熔丝熔断时间为4.8s；沙湾武警户外环网柜604断路器过流Ⅱ段保护时间定值为0.6s。熔丝熔断时间较长，与上级保护动作不匹配，使沙湾武警户外环网柜604断路器过流Ⅱ段保护越级动作。

暴露问题

（1）熔丝配置标准裕度偏大，熔丝熔断时间较长，熔丝工作原理是反时限，过流保护是定时限，熔丝与上级保护动作时间匹配困难。

（2）用户设备前端无分界断路器，造成用户故障出门。

整改措施

（1）在满足熔丝选用原则的条件下，根据不同规格熔丝的时间特性曲线，选用与前端继电保护定值相匹配的熔丝。

（2）用户设备前端设置分界断路器，分界断路器配置保护测控装置，防止用户故障出门。在审图阶段，尽量要求变压器配保护，均采用定时限保护，上下级定值易配合，避免越级跳闸。

（3）抽取主流供应商的熔丝进行试验，主要检测熔丝的电流时间特性及灭弧能力等相关技术参数，总结检测产品特性，为后续熔丝配置选型提供依据。

·关于合环转供电引起分界断路器误跳闸分析·

事件概述

2020年8月4日15时44分，10kV运行方式调整时，合环转供电操作过程中，分界断路器跳闸。

事件发生过程

采用合环转供电调整运行方式，将110kV阳光站10kV东门小学线F01全部负荷转入110kV罗湖站10kV广西阳光线F06供电，主要操作步骤：合上组网公用柜602负荷开关，断开1号公用柜602负荷开关，操作结束后，发现1号公用柜805断路器跳闸，其余开关运行正常，运行方式如图1–5所示。

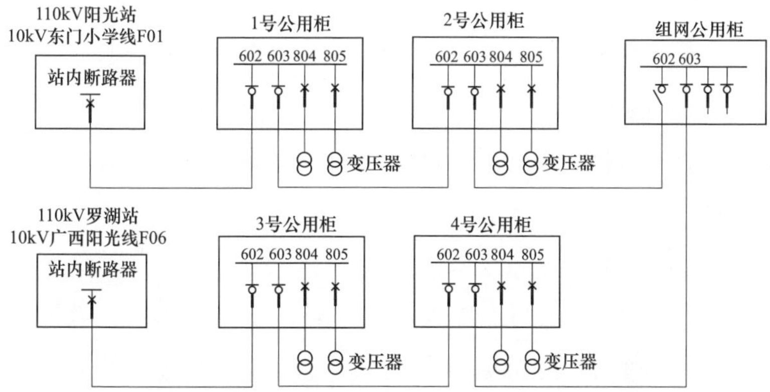

图1-5　110kV阳光站10kV东门小学线F01合环转供电前运行方式图

设备检查及处理

（一）一次设备检查

对1号公用柜805断路器的电缆头开展检查，检测结果合格；对1号公用柜805断路器后端的变压器开展耐压试验，试验结果合格。

（二）二次设备检查

1.保护动作信息检查

检查1号公用柜保护测控装置动作报告信息，602负荷开关、603负荷开关、804断路器均无动作信息，805断路器过流Ⅱ段保护动作，故障电流为1.11A，动作时间为0.3s。各断路器的保护定值如表1-1所示。

表1-1　　1号公用柜保护定值信息表

间隔	开关类型	过流Ⅱ段定值（二次值）	过流Ⅱ段定值（一次值）	动作行为
602号	负荷开关	4.58A/0.05s	550A/0.05s	发信
603号	负荷开关	4.58A/0.05s	550A/0.05s	发信
804号	断路器	0.72A/0.3s	86.4A/0.3s	跳闸
805号	断路器	0.72A/0.3s	86.4A/0.3s	跳闸

2.检查二次接线

安全措施：退出各间隔保护跳闸出口连接片，投入“置检修”连接片，断开各间隔“电机电源”空气开关，将“远方/就地”把手置就地位置。将1号公用柜各间隔二次小室的电流端子排，在靠TA侧A、B、C、N短接，断开电流端子连接片。

使用继电保护试验仪在1号公用柜二次小室（仪表室）的电流端子排依次加入电流量，检查终端电流采样，在603负荷开关输入电流（A相：1A；B相：2A；C相：3A），终端显示603负荷开关三相电流均为0A，805断路器保护动作；在805断路器输入电流（A相：1A，B相：2A，C相：3A），805断路器保护未动作，终端显示805断路器三相电流均为0A，603负荷开关电流为A：1.01A；B：1.99A；C：3.01A。初步判断603负荷开关和805断路器电流回路接线接反。

对照厂家二次接线图，排查603负荷开关和805断路器的电流回路接线，从一次设备的二次小室（仪表室）至保护测控柜（保护测控装置为集中组屏），发现在保测柜的电流端子排上603负荷开关和805断路器的整组电流接线接反。如图1-6所示。

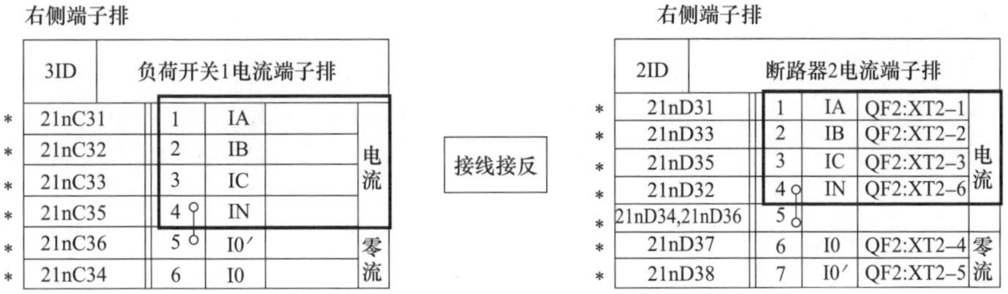

图1-6　电流回路接线图

（三）处理措施

将保护测控柜内的603负荷开关和805断路器的电流接线整组互调，即按图纸接线。

使用继电保护试验仪在1号公用柜各间隔二次小室（仪表室）的电流端子排依次加入电流量（A相：1A；B相：2A；C相：3A），检查配电终端电流采样，采样正确。

解除安全措施：恢复1号公用柜各间隔二次小室的电流端子排连接片，拆除A、B、C、N短接线；查看各间隔保护测控装置无动作，三相电流采样平衡，零序采样为0A；退出“置检修”连接片；投入各间隔保护跳闸出口连接片；将“远方/就地”把手置远方位置；合上各间隔“电机电源”空气开关。

分析与结论

通过一、二次设备检查、试验与分析，合环转供电引起分界断路器跳闸的原因是1号公用柜603负荷开关和805断路器的电流回路接反，805断路器保护实际采集的电流为603负荷开关流经的电流，即线路的环出单元，转电时，603负荷开关流经的电流为合环冲击电流，超过805断路器保护测控装置的过流Ⅱ段定值，引起805断路器保护动作，断路器跳闸。

暴露问题

（1）一、二次设备安装质量差。断路器组合柜成套设备（TV+KKBB+BC）为成套招标，供应商供货时，一、二次设备之间接线已接好，并调试完毕。现场安装，受限于运输通道，会将一、二次设备拆开，分别搬运至配电房，组装过程中，一、二次接线错误。

（2）设备投运前的交接试验不规范。试验人员未在二次小室（仪表室）或TA二次绕组接线端子处加量，而是在保测柜（BC柜）端子排加量，未完全验证整个二次回路接线。

整改措施

（1）增设施工过程监督，对于一、二次设备拆开搬运的工程项目，重点监督一、二次接线。

（2）规范试验方法，交接试验必须在一次柜的二次小室（仪表室）加量或在TA二次绕组引出端加量，以验证完整的二次回路接线。

第二章 配电自动化主站典型异常事件

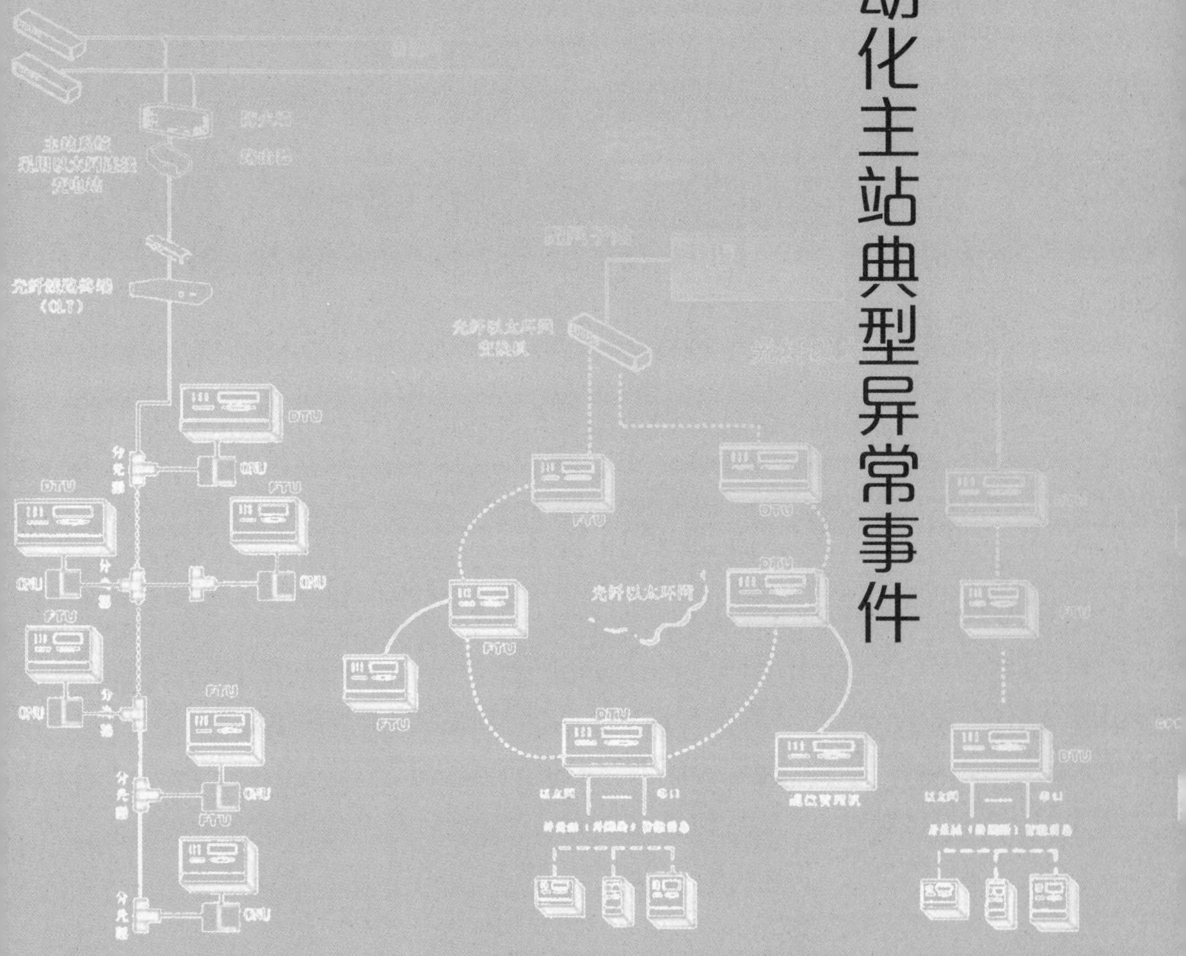

第一节 配电自动化主站图模

· 关于绑点错误导致故障定位失败分析 ·

事件概述

2020年8月1日15时44分，110kV某变电站10kV银湖一线F02站内断路器跳闸，沙湾户外公用柜603后端电缆故障，主站故障定位失败。

运行方式

故障时，10kV银湖一线F02运行方式如图2-1所示，该线路已投入

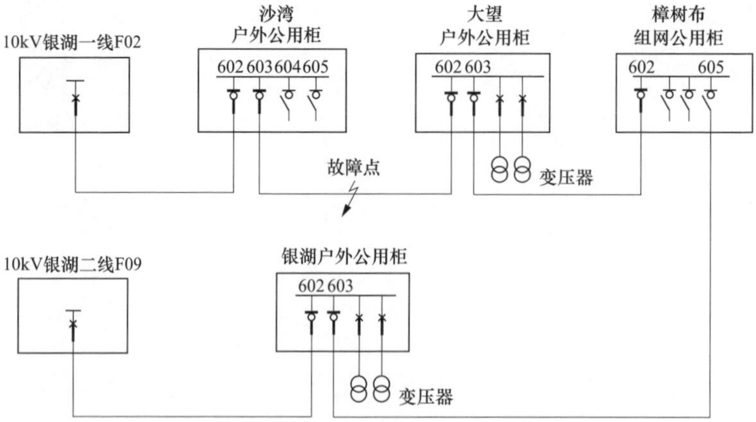

图2-1　10kV银湖一线F02故障时运行方式图

主站自愈功能，10kV银湖一线F02站内断路器配置保测装置，沙湾户外公用柜为负荷开关柜，配置DTU柜；大望户外公用柜为断路器组合柜子（TV+KKBB），配置保护测控柜（BC）。

设备检查

（一）一次设备检查

10kV银湖一线F02站内断路器跳闸，故障原因为沙湾户外公用柜和大望户外公用柜之间联络电缆被施工破坏。检查沙湾户外公用柜，设备外观正常。

（二）二次设备检查

1.保护定值检查

沙湾户外公用柜4个间隔均为负荷开关，过流定值均为4.58A/0.05s，相TA变比600/5，动作后发信；零序定值1.5A/0.1s，零序TA变比100/5，动作后发信。

2.保护动作信息检查

故障发生后，主站接收到沙湾户外公用柜604、605负荷开关的“过流告警”信号，未接收到602、603负荷开关的“过流告警”信号。现场检查沙湾户外公用柜终端的动作信息，发现602、603负荷开关发出“过流告警”信号，604、605负荷开关未发出“过流告警”信号，动作信息表如表2-1所示。

表2-1　　沙湾户外公用柜动作信息表

间隔	主站		终端	
	负荷开关状态	动作信息	负荷开关状态	动作信息
602	分	—	合	告警
603	分	—	合	告警

续表

间隔	主站		终端	
	负荷开关状态	动作信息	负荷开关状态	动作信息
604	合	告警	分	—
605	合	告警	分	—

3.加量试验

使用继电保护试验仪分别在沙湾户外公用柜602、603、604、605负荷开关的二次小室（仪表室）电流回路输入6A的电流，检查沙湾户外公用柜终端动作信息和主站接收动作信息，试验结果见表2–2。

表2–2　　试验结果

试验加量	终端	主站
602负荷开关为6A，其余间隔为0A	602负荷开关告警，其余间隔不告警	605负荷开关告警，其余间隔不告警
603负荷开关为6A，其余间隔为0A	603负荷开关告警，其余间隔不告警	604负荷开关告警，其余间隔不告警
604负荷开关为6A，其余间隔为0A	604负荷开关告警，其余间隔不告警	603负荷开关告警，其余间隔不告警
605负荷开关为6A，其余间隔为0A	605负荷开关告警，其余间隔不告警	602负荷开关告警，其余间隔不告警

4.绑点信息检查

检查沙湾户外公用柜终端投运前联调的信息点表，发现信息点表中的602、603、604、605负荷开关的信息体地址与现场实际接线相反。

分析与结论

通过加量试验检查，沙湾户外公用柜终端602、603、604、605负荷开关的动作信息和开关位置与主站的动作信息和开关位置不相符；

进一步检查沙湾户外公用柜终端投运前联调的信息点表数据，确定602、603、604、605负荷开关与主站的绑点错误。

10kV银湖一线F02站内断路器跳闸后，因沙湾户外公用柜终端各间隔与主站绑点错误，导致主站无法正确判断故障点，自愈失败。

暴露问题

（1）无图模调试，临时绑点，待调试后再重新绑点，存在绑点错误风险。

（2）终端与主站联调的信息表未做闭环管理，联调完毕后的准确信息表未归档。临时绑点调试的站点，在系统切换或需要重新绑点时已无法甄别该信息表是否准确。

整改措施

（1）现场无图模调试、临时绑点的信息点表数据核实务必做到“三对照”，即对照现场实际，对照一、二次接线，对照单线图，校对无误后，方可申请调试。

（2）调试人员在终端投运前及时联系主站核对，形成有效闭环，确保信息点表与主站数据的准确性。

（3）禁止无图模调试，在调试系统增加预发布图功能，调试单位提前将图模上传至系统。

第二节 配电自动化主站自愈逻辑

· 10kV 海丰苑组网线 F14 自愈闭锁分析 ·

事件概述

2021年8月7日10时45分，110kV某变电站10kV海丰苑组网线F14站内断路器跳闸。经查，百仕达公用柜603负荷开关至翠竹户外公用柜602负荷开关之间电缆故障。10kV海丰苑组网线F14自愈闭锁。

运行方式

故障时，10kV海丰苑组网线F14运行方式如图2-2所示，10kV海

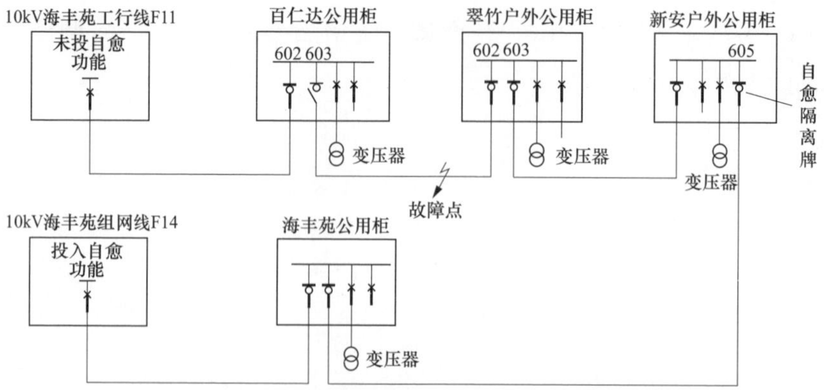

图2-2 10kV海丰苑组网线F14故障时运行方式图

丰苑组网线F14与10kV海丰苑工行线F11组成单环网供电方式，10kV海丰苑组网线F14自愈功能投入，10kV海丰苑工行线F11自愈功能未投入，新安户外公用柜605负荷开关挂自愈隔离牌且处于合闸状态。

设备检查及处理

1. 一次设备检查

经现场检查，百仕达公用柜603负荷开关至翠竹户外公用柜602负荷开关之间电缆被击穿，电缆本体有烧黑痕迹。新安户外公用柜605负荷开关位于合位，柜体内部机构无异常，气压表显示正常。

2. 保护动作检查

经查，10kV海丰苑组网线F14站内断路器处于分闸状态，配电自动化主站系统，显示站内断路器保护信号与断路器位置信号（分位）正确。

3. 自愈隔离牌闭锁逻辑检查

自愈隔离牌逻辑隔离原理如图2-3所示，当隔离牌挂在合位开关时，其所属馈线组自愈闭锁。

1、若挂牌开关处于分位，则通过对其控合进行转电的策略不会被执行

2、若挂牌开关处于合位，则其所属馈线组自愈闭锁（相当于限定自愈线路的边界，一旦方式发生变换，越过该边界开关，则将自愈闭锁）

图2-3　自愈隔离牌逻辑隔离原理

4. 其他检查

8月1日前，10kV海丰苑组网线F14运行方式如图2-4所示，10kV海丰苑组网线F14与10kV海丰苑工行线F11的联络点位于新安户外公用柜605负荷开关，且负荷开关处于分闸状态。8月1日，运行方式调整至图2-210kV海丰苑组网线F14故障时运行方式图。

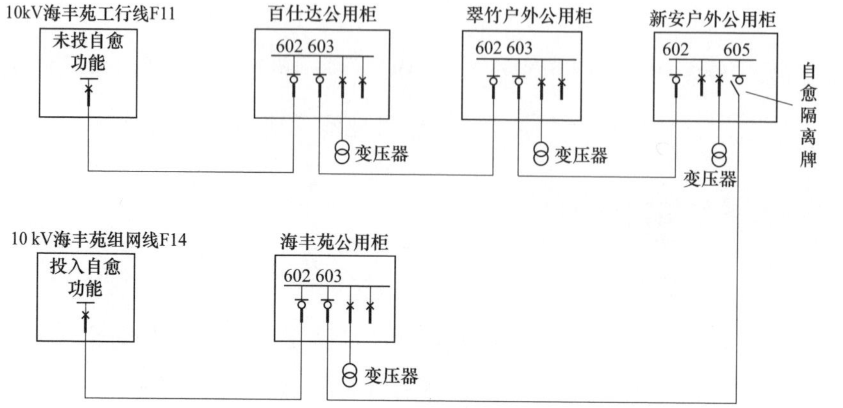

图2-4　8月1日前10kV海丰苑组网线F14运行方式图

5.处理措施

安全措施：将10kV海丰苑组网线F14自愈功能临时退出。

自愈隔离牌变更：摘除新安户外公用柜605负荷开关隔离牌，并在百仕达公用柜603负荷开关处挂自愈隔离牌。

恢复安全措施：将10kV海丰苑组网线F14自愈功能投入。

分析与结论

1.自愈隔离牌功能及动态管理

同一馈线组内存在投入自愈的线路和不投入自愈的线路，为保证自愈安全性，启用“自愈隔离牌”，将隔离牌挂在投入自愈线路与不投入自愈线路的联络开关处。若挂牌开关处于分位状态，则不执行遥控合闸命令；若挂牌开关处于合位状态，则其所属馈线组自愈闭锁。为此，当馈线组运行方式变化，挂自愈隔离牌的开关由分位变为合位时，需摘牌，并按照馈线组当前的运行方式重新挂牌。

2.分析与结论

经查，10kV海丰苑组网线F14站内断路器保护动作信号、断路器分位信号均正常上送至主站，满足自愈启动条件。对比8月1日前后运行方式可知，故障时，新安户外公用柜605负荷开关位于合位状态，且挂自愈隔离牌，主站触发自愈闭锁。

10kV海丰苑组网线F14自愈闭锁，因馈线组运行方式变化，未按要求及时变更自愈隔离牌位置，导致自愈闭锁。

暴露问题

（1）自愈隔离牌动态变更管理不到位。馈线组运行方式调整后，应立即将自愈隔离牌调整至新的联络开关。

（2）主站系统自愈隔离牌闭锁逻辑功能不完善。运行方式调整后，系统不能自动纠错或自动调整自愈隔离牌。

整改措施

（1）动态管理自愈隔离牌。馈线组运行方式变化时，应及时将自愈隔离牌调整至当前运行方式下的联络开关。

（2）完善主站系统自愈隔离牌自检功能。开发主站系统自愈隔离牌动态变更逻辑，当馈线组运行方式调整后，主站可自动调整自愈隔离牌位置。

第三章 配电通信典型异常事件

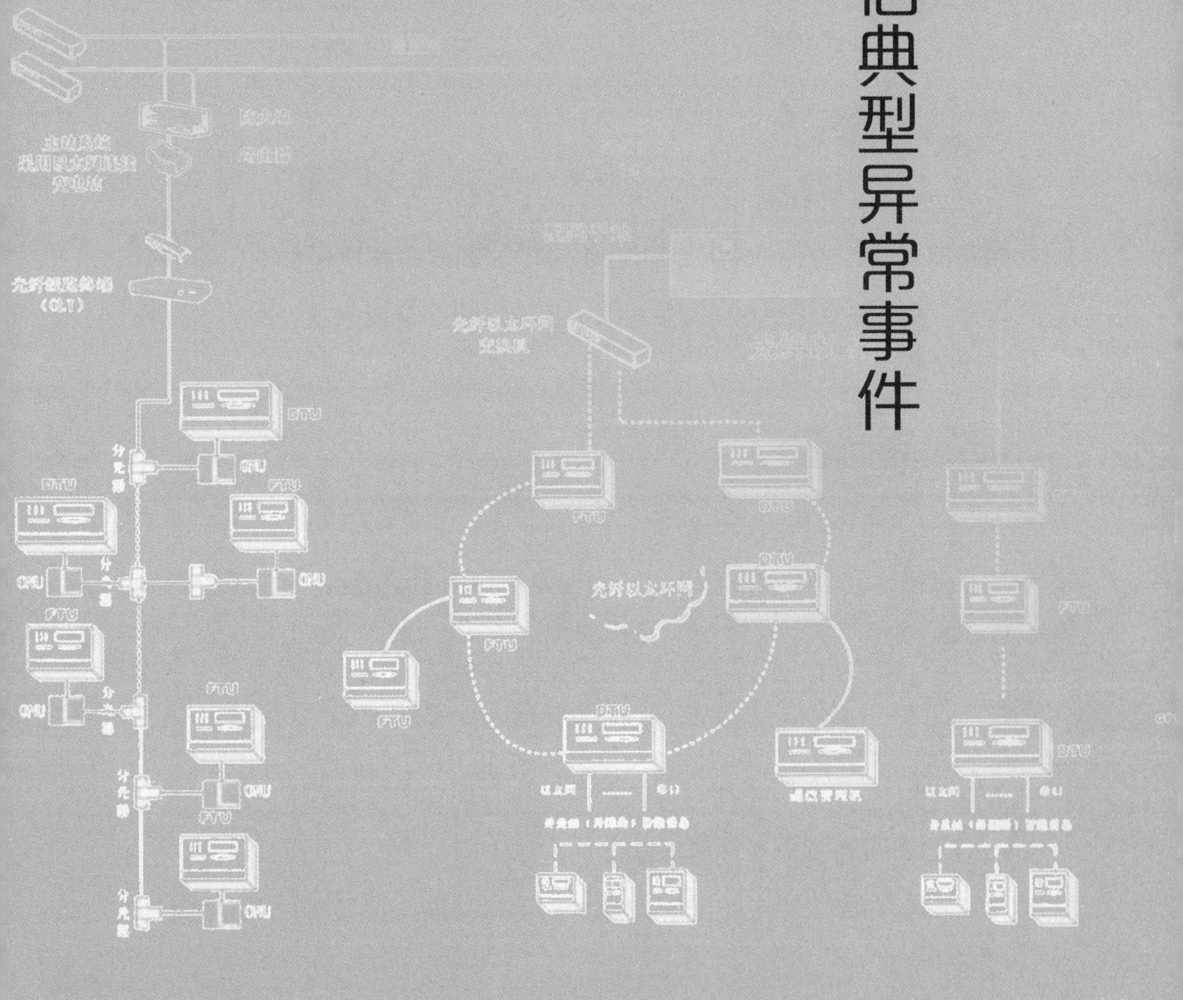

第一节 光纤通信

· 多台配电终端同时离线分析 ·

事件概述

2020年4月16日07时50分，110kV某变电站10kV雄韬线F06站内断路器跳闸，重合闸动作，重合不成功。调度实施快速复电，遥控分雄韬3号三遥公用柜602负荷开关，失败，快速复电失败，随后，多终端同时离线。

运行方式

（一）事件时运行方式

故障时，10kV雄韬线F06运行方式如图3-1所示，10kV雄韬线F06和10kV一区线F15组成单环网供电方式，该馈线组未投入自愈功能，本线路主干线上雄韬3号三遥公用柜和雄韬1号三遥公用柜均具备三遥功能，三遥点占比66.7%，网架结构和通信方式符合快速复电条件。

（二）事件前光纤环运行方式

光纤环运行方式如图3-2所示，滨海二路1号三遥柜至布锦村1

号配电房之间光缆中断，图3-2中实线代表光纤通，虚线代表光纤断点。

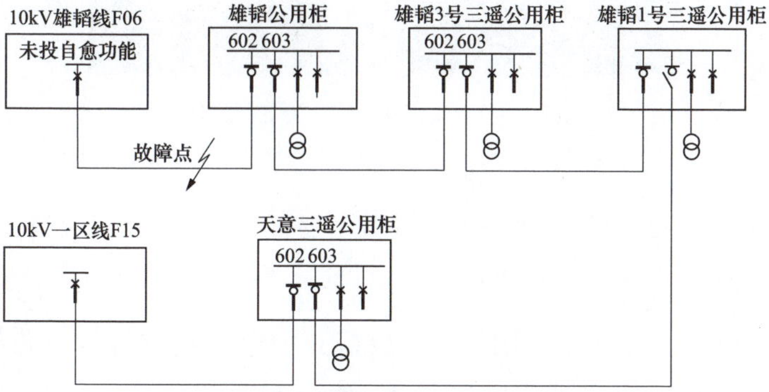

图3-1 10kV雄韬线F06故障时运行方式图

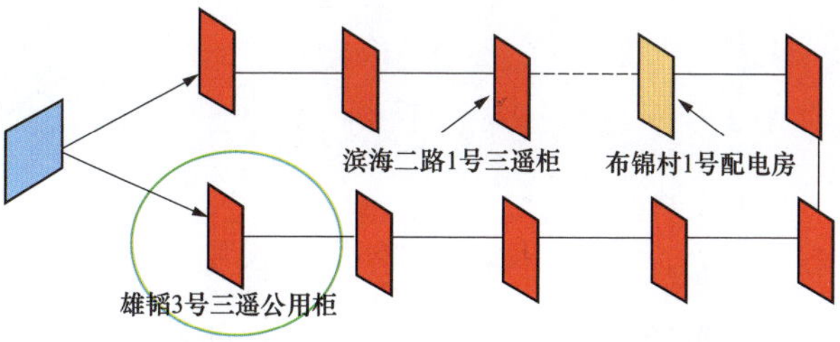

图3-2 10kV雄韬线F06故障时光纤运行方式图

设备检查及处理

（一）一次设备检查

现场检查发现，10kV雄韬线F06站内断路器至雄韬公用柜之间的电缆遭外力破坏，如图3-3所示，电缆已被击穿，故障相别为AB相。

（二）二次设备检查

1.终端检查

经查，雄韬3号三遥公用柜602负荷开关终端，无告警信号，无控制回路断线信号，操作电源、电机电源空气开关均在合位，分合闸指

图3-3　10kV雄韬线F06故障图

示灯与负荷开关位置相同，分合闸出口连接片均投入，二次接线紧固，“远方/就地”把手在远方位置。

解开雄韬3号三遥公用柜602负荷开关电机线圈接线，将“远方/就地”把手置就地位置，手动按分闸按钮，线圈两侧电压由0V变为24V，判定控制回路正常。

2.交换机检查

经查，雄韬3号三遥公用柜交换机“运行”灯灭，交换机电源为AC 220V，未配置蓄电池。

检查终端交换机所属光纤环拓扑图，如图3-2所示，光纤环在滨海二路1号三遥柜至布锦村1号配电房之间存在断点，在滨海二路1号三遥柜交换机处经光时域反射仪测试，距测试点135m处有断点，光缆断开，如图3-4所示。

3.报文检查

雄韬3号三遥公用柜终端故障时间段，报文如图3-5所示。

07：49：59站内断路器跳闸；

07：49：59主站发送信息，未接收终端反馈信息，报文不交互，终端离线；

07：56：02调度在遥控分闸雄韬3号三遥公用柜602负荷开关，失败。

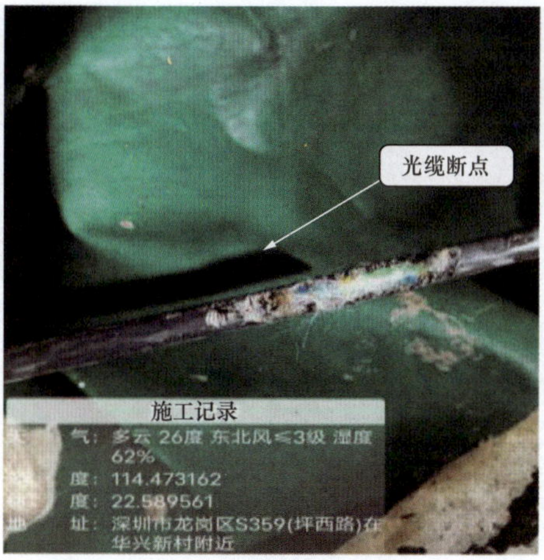

图3-4　光缆断点

图3-5　雄韬3号三遥公用柜故障时的报文

（三）**处理措施**

线路发生AB故障，雄韬3号三遥公用柜TV的供电用二次绕组取自AB相，交换机电源电压降低，交换机不能正常工作，通信中断。将雄韬3号三遥公用柜的交换机电源改接至DTU通信电源（DC 24V）。

滨海二路1号三遥柜至布锦村1号配电房之间的光缆被咬断，对光纤断点处进行熔接，在光缆两侧加装防火泥封堵如图3-6及图3-7所示，并放置鼠药，防止老鼠进入光缆通道再次咬断光缆。

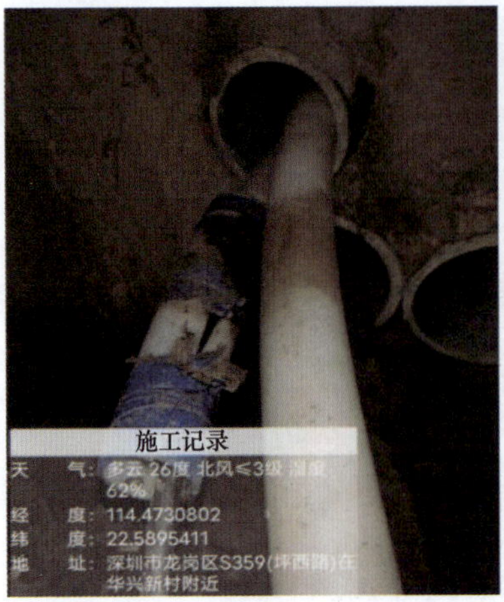

图3-6　光缆两侧未封堵图

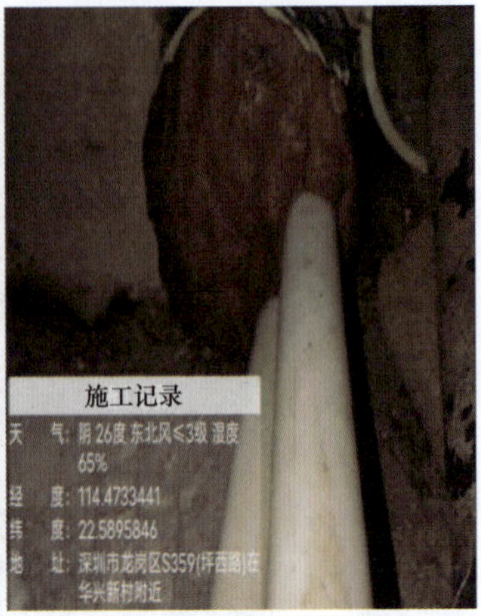

图3-7　光缆两侧整改后图

分析与结论

交换机电源取自AC 220V，未配置后备电源（蓄电池），线路发生故障时，TV二次绕组输出电压降低，交换机不能正常工作，交换机离线，遥控雄韬3号三遥公用柜602负荷开关，失败。

雄韬3号三遥公用柜所在的光纤环在故障前已处于单边通状态，当发生故障时，雄韬3号三遥公用柜所接的交换机不能正常工作，交换机离线，导致布锦村1号配电房至雄韬3号三遥公用柜之间所有的光纤交换机同时离线。

暴露问题

1.交换机电源仅取自AC 220V

配电终端主供电源为TV（AC 220V），备供电源为蓄电池（DC 24V）。正常运行时，主供电源经过电源管理模块变换为DC 24V，为配电终端各元器件供电，同时为蓄电池充电；当发生故障后，TV二次绕组输出电压降低，电源管理模块将电源切换至备供电源供电模式，即蓄电池为配电终端供电。交换机电源仅接入AC 220V，故障时，TV二次绕组输出电压降低，因无后备电源及回路，交换机失电。

2.光纤未成环

配电自动化成效与通信可靠性密切相关，当光纤环发生N–1故障时，光纤环出现单边通信，可靠性降低；当光纤环发生N–2故障时，将出现光纤环内多个终端同时离线，严重影响配电自动化自愈和快速复电。

整改措施

1.将交换机电源改接至DTU内通信电源

深圳地区DTU内的蓄电池容量至少20Ah，经计算深圳地区主流的配电终端，如南京电研、长园深瑞、北京四方、南瑞继保等终端各元器件（含交换机）直流功耗小于48W；蓄电池供电时，供电电流约小于2A，可支撑终端正常运行至少10h。

交换机电源应引自配电终端的通信电源（DC 24V），通信设备供电回路与其他电源回路（如操作电源或装置电源等）相对独立，互不干扰。梳理运行设备，取电方式不符合以上要求的交换机及时整改。

对于增量设备，从源头把关，应在设计审图、施工中期检查、投运前验收时，重点检查交换机电源取电方式，确保交换机电源取自DTU中的通信电源DC 24V。

2.光纤未成环

梳理单边通信的光纤环，及时处理，确保通信可靠性；同时，在建设和验收时，注意光缆通道两侧做好封堵，防止小动物破坏光缆。

· 10kV 理邦精密仪器智能公用柜遥分失败分析 ·

事件概述

2021年1月23日03时58分，110kV某变电站10kV理邦线F01断路器跳闸，调度实施快速复电过程中，遥控分理邦精密仪器智能公用柜602断路器，失败，快速复电失败。运行人员到达现场，就地电动分602断路器，成功。

设备检查

1.一次设备检查

现场人员电动分理邦精密仪器智能公用柜602断路器，成功，一次设备正常。

2.二次设备检查

调度遥控分理邦精密仪器智能公用柜602断路器，失败；就地电动分602断路器，成功，判定断路器机构正常，遥分与就地分闸的二次回路公共部分正常。遥控分回路独立部分如图3-8所示。

利用分步通断法检查二次回路，主要步骤如下：

（1）断开二次柜内的所有空气开关，将“远方/就地”把手置远方位置，用万用表蜂鸣挡，测量1CKD2与11nD16，发出蜂鸣。

（2）用万用表蜂鸣挡，测量1CKD5与11nD18，发出蜂鸣。

（3）合上二次柜所有空气开关，在主站发出遥控分闸令时，用万用表直流电压挡，测量遥控板11nD15端子对-24V电压，电压由0V变为24V。主站遥控预置602断路器，成功。

通过以上分段检测，判定遥分回路独立部分正常，进而确定二次控制回路无异常。

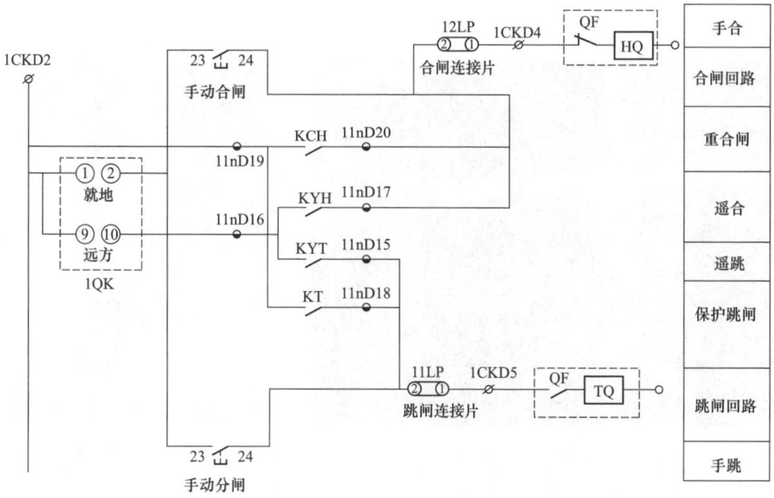

图3-8　控制回路图

3.通信检查

查询OCS系统，如图3-9所示，显示故障当天，该终端离线3h 9min29s。

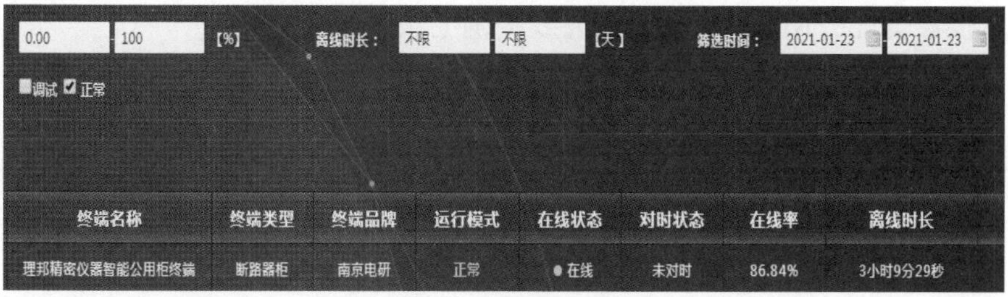

图3-9　设备在线统计

理邦精密仪器智能公用柜终端通信方式为光纤加密，光纤交换机如图3-10所示。

测量光纤交换机电源电压为AC 226V，如图3-11所示。交换机未配置后备电源。断开交流电源空气开关，光纤交换机失电，终端离线。

图3-10　公用柜所配光纤交换机

图3-11　光纤交换机电源电压

分析与结论

10kV理邦线发生故障，站内断路器跳闸，理邦精密仪器智能公用柜TV失电，因光纤交换机电源仅取自AC 220V，该交换机柜未配置蓄电池，交换机失电，交换机离线，终端离线。造成调度遥控分理邦精密仪器智能公用柜602断路器失败，调度快速复电失败。

暴露问题

（1）通信柜内未配置蓄电池作为后备电源。

（2）交换机电源接线不合理。

整改措施

（1）通信柜内配置蓄电池和电源管理模块，要求电源管理模块主供和备用电源切换时间为毫秒级，确保交流失电后，交换机电源立刻切换至蓄电池供电，不应影响配电自动化自愈和快速复电。如该光纤交换机电源为AC 220V和DC 24V自适应，可将电源直接改接至DTU中通信电源（DC 24V）。

（2）在日常巡视时，应断开交流电源空气开关至少15min，检查终端设备运行是否正常。其作用有如下三点：第一，验证电源管理模块的主供和备用电源切换功能；第二，配电自动化快速复电一般在15min完成，可判定蓄电池工况能否支撑故障下的快速复电；第三，验证交换机电源接线是否正确。

（3）在日常操作时，如“晨操”、合环转供电、停送电操作等过程中，应断开交流电源空气开关，即模拟故障跳闸状态下进行遥控操作，遥控是否成功，以全面检查设备。

·110kV 某变电站 10kV 葵冲线 F07 快速复电失败分析·

事件概述

2021年5月24日14时35分，110kV某变电站10kV葵冲线F07招商东岸5号公用柜603断路器跳闸。调度实施快速复电，遥控分招商东岸7号公用柜605、602负荷开关，均失败，线路快速复电失败。

运行方式

故障时，10kV葵冲线F07运行方式如图3-12所示，该线路未投入自愈功能，该线路有3个三遥点，1个二遥点为东升联智能K01断路器，三遥布点占比75%，三遥点分布合理，网架结构和通信方式符合快速复电基本条件。

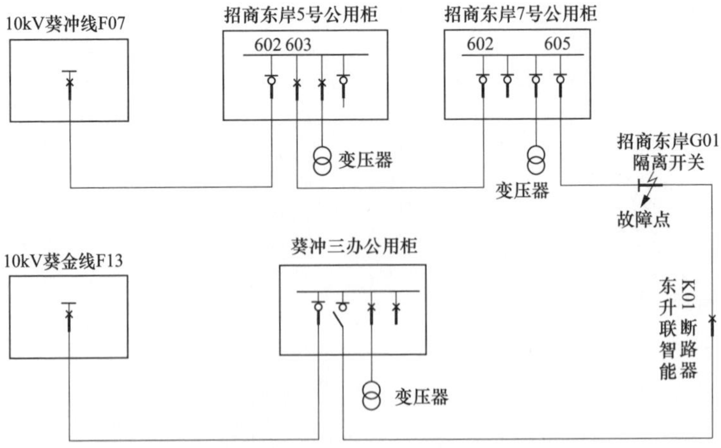

图3-12 10kV葵冲线F07故障时运行方式图

设备检查及处理

1.一次设备检查

经故障巡视，发现招商东岸G01隔离开关有外飘物。

2.二次设备检查

招商东岸G01隔离开关发生故障，招商东岸5号三遥公用柜603断路器零序动作，断路器跳闸。故障点前端的招商东岸5号公用柜602负荷开关、603断路器、招商东岸7号公用柜602负荷开关、605负荷开关均发出“零序告警”信号，故障点后端东升联智能K01断路器无告警信号，以上终端正确动作，并上送主站。

调度遥控分招商东岸7号公用柜605、602负荷开关，主站均显示失败，现场检查招商东岸7号公用柜605、602负荷开关均在分闸状态。查终端遥控记录信息，终端DTU收到分闸命令，并执行分闸操作。

现场检查招商东岸7号公用柜602负荷开关和605负荷开关终端，操作电源及电机电源空气开关均在合闸状态，分合闸灯指示与负荷开关实际位置相同，分合闸出口连接片均投入，“远方/就地”把手在远方位置；解开招商东岸7号公用柜602负荷开关和605负荷开关的电机线圈接线，手动按分闸按钮，线圈两侧电压由0V变为24V，说明控制回路正常。

3.其他检查

10kV葵冲线F07招商东岸7号公用柜故障前后终端报文如图3-13所示，查看该终端在故障发生前后1h的报文（报文时间13：52：01-14：54：34），在遥控命令下发前终端有6次的短暂的离线状态。

[Mon May 24 13：52：01 2021]发送：680443000000
[Mon May 24 13：52：09 2021]发送：680407000000
[Mon May 24 13：52：12 2021]发送：680407000000
[Mon May 24 13：52：19 2021]发送：680407000000
报文说明：有主站发送命令，但终端未反馈接收命令，该次离线时长18s，统计时间内第1次离线。
[Mon May 24 14：06：23 2021]发送：680407000000
[Mon May 24 14：06：24 2021]发送：680407000000
[Mon May 24 14：06：32 2021]发送：680407000000
[Mon May 24 14：06：33 2021]发送：680407000000
报文说明：有主站发送命令，但终端未反馈接收命令，该次离线时长10s，统计时间内第2次离线。
[Mon May 24 14：13：39 2021]发送：680407000000
[Mon May 24 14：13：41 2021]发送：680407000000
[Mon May 24 14：13：45 2021]发送：680407000000
[Mon May 24 14：13：48 2021]发送：680407000000
报文说明：有主站发送命令，但终端未反馈接收命令，该次离线时长9s，统计时间内第3次离线。
[Mon May 24 14：15：09 2021]发送：680407000000
[Mon May 24 14：15：11 2021]发送：680407000000
[Mon May 24 14：15：22 2021]发送：680407000000
[Mon May 24 14：15：24 2021]发送：680407000000
报文说明：有主站发送命令，但终端未反馈接收命令，该次离线时长15s，统计时间内第4次离线。
[Mon May 24 14：29：05 2021]接收（事件）：Z368152C000400 1E 01 03003099 2200000180CA1C0E180515<33：2021年5月24日14时28分51秒840毫秒 合>
[Mon May 24 14：29：05 2021]接收（事件）：Z368152E000400 1E 01 03003099 3200000096CE1C0E180515<49：2021年5月24日14时28分52秒886毫秒 分>
报文说明：故障时终端正常发出零序告警信号
[Mon May 24 14：40：54 2021]发送：680483000000
[Mon May 24 14：41：15 2021]发送：680443000000
[Mon May 24 14：41：24 2021]发送：680407000000
[Mon May 24 14：41：49 2021]发送：680407000000
报文说明：有主站发送命令，但终端未反馈接收命令，该次离线时长55s，统计时间内第5次离线。
[Mon May 24 14：42：50 2021]发送：680443000000
[Mon May 24 14：42：54 2021]发送：680407000000
[Mon May 24 14：43：20 2021]发送：680407000000
[Mon May 24 14：43：21 2021]发送：680407000000
报文说明：有主站发送命令，但终端未反馈接收命令，该次离线时长31s，这是遥控命令前最后一次短暂的离线，统计时间内第6次离线。
[Mon May 24 14：43：27 2021]接收：68040B000000
报文说明：因终端有回复接收初始化结束，主站认为终端正常在线，所有执行遥控分命令，并开始进行604负荷开关和602负荷开关遥控操作。实际终端上线流程还未完成，终端程序判断上线的标准是要完成总召和对时两个信号才算上线，所以此时终端判断自己是不在线状态，但因为遥控命令属于一级数据，无论是否在线都会执行，才导致现场负荷开关在遥控时会动作，负荷开关变位信息在14：51：33上线后才主动上送。
[Mon May 24 14：43：27 2021]接收（确认）：680E00000000 46 01 04003099 000000 02
[Mon May 24 14：43：27 2021]发送（遥控）：Z5680E00000200 2E 01 06003099 036000 81<预置：2遥控分>
[Mon May 24 14：43：32 2021]接收（确认）：680E00000000 46 01 04003099 000000 02
[Mon May 24 14：43：33 2021]接收（遥控）：Z5680E02000200 2E 01 07003099 036000 81
[Mon May 24 14：43：34 2021]发送（遥控）：Z5680E02000400 2E 01 06003099 036000 01<执行：2遥控分>
[Mon May 24 14：43：38 2021]接收（遥控）：Z5680E04000400 2E 01 07003099 036000 01
报文说明：遥控命令执行过程后的报文
[Mon May 24 14：45：33 2021]发送：680401001A00
[Mon May 24 14：45：48 2021]发送：680443000000
报文说明：有主站发送命令，但终端未反馈接收命令，该次离线时长15s，遥控命令执行后再次离线。
[Mon May 24 14：51：33 2021]接收（总召）：680E24001200 64 01 0A003099 000000 14
[Mon May 24 14：51：33 2021]发送（对时）：681412002600 67 01 06003099 000000 2E81330E380515<2021年5月24日星期1：14时51分33秒70毫秒>
[Mon May 24 14：51：33 2021]接收（遥信）：Z2680E26001200 03 01 03003099 03000001<2：分>
[Mon May 24 14：51：33 2021]接收（遥信）：Z2680E28001200 01 01 03003099 01000000<0：分>
报文说明：终端完成上线流程后反馈遥信分位，遥控命令超时。

图3-13　10kV葵冲线F07招商东岸7号公用柜故障前后终端报文

以上报文说明，主站发起重建链路，初始化结束后，总召唤命令之前，主站下发遥控命令，终端执行了遥控命令，终端等待总召唤命令，未及时上送信号。

经过报文分析，招商东岸7号公用柜终端在1h内6次短暂离线。导出本光纤主环上的其他终端的报文，同一时段内，同样存在频繁离线情况。经过分析交换机告警信号，在故障时该点的交换机曾在11：08—11：12和14：32—14：42出现两次短暂离线，经查该光纤环内存在多种不同厂家的交换机，如烽火、摩沙、博维亚讯、鼎信、瑞斯康达等，存在交换机之间协议配置不兼容问题，当数据量大时会出现通道堵塞及频繁离线问题。

4.处理措施

配电终端程序升级，在初始化和总召唤之间，配电终端不响应其他命令。配电主站按照104规约实施细则修改策略，初始化之后立刻发总召唤命令，不允许下发其他命令。

将10kV葵冲线F07所在的光纤环内交换机调整为同一厂家的设备，重新配置，配置完成后终端上线稳定，未出现频繁离线情况。

分析与结论

（1）按照《南方电网配电自动化DL/T 634.5104—2009规约实施细则》，主站初始化由配电主站向配电终端发起链接重建，初始化结束后，配电主站需要向配电终端发布一个总召唤命令来进行数据更新，总召唤期间不允许被打断，初始化过程见图3-14。

（2）《南方电网配电自动化DL/T 634.5104—2009规约实施细则》规定，用户数据优先级要求，遥控命令的应答报文应在初始化结束和总召唤的应答数据（初始化）之后。分析报文得知，主站发起重建链路，初始化结束后，总召唤命令之前，主站下发遥控命令，终端执行了遥

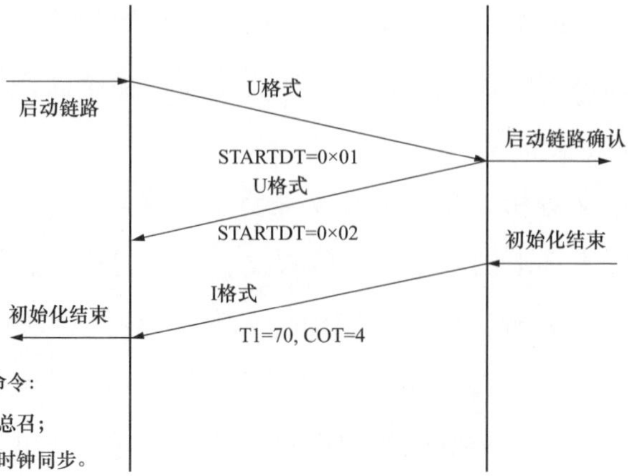

注：配电主站接收到初始化结束报文即表示通信链路建立成功。

图3-14 104规约初始化过程

控命令，终端等待总召唤命令，未及时上送信号。

经查，该光纤环内存在多种不同厂家的交换机，如烽火、摩沙、博维亚讯、鼎信、瑞斯康达等，存在交换机之间协议配置不兼容问题，当数据量大时会出现通道堵塞及频繁离线问题。

提升措施

（1）将同一个光纤环上的交换机，调换成同一厂家设备。

（2）配电主站和配电终端应严格按照《南方电网配电自动化DL/T 634.5104—2009规约实施细则》制定规约；在配电终端入网测试工作中增加规约优先级测试，确保满足自愈要求。

第二节 无线通信

· SIM 卡失效缺陷处理分析 ·

事件概述

2021年3月18日，110kV某变电站10kV湖鸿线F08站内断路器跳闸。调度实施快速复电，遥控分湖鸿公用组合断路器柜603负荷开关，成功；遥控分石鸿花园公用三遥环网柜603负荷开关，连续遥分两次，均失败，故障隔离失败，快速复电失败。

运行方式

故障时，10kV湖鸿线F08运行方式如图3-15所示，甲岸中商公用组合断路器柜、湖鸿公用组合断路器柜、石鸿花园公用三遥环网柜均为三遥终端，满足快速复电要求。

设备检查及处理

经查，湖鸿公用组合断路器柜603负荷开关至石鸿花园公用三遥环网柜603负荷开关之间电缆故障。主站系统显示石鸿花园公用三遥环网柜预置失败，该设备通信方式为无线加密。

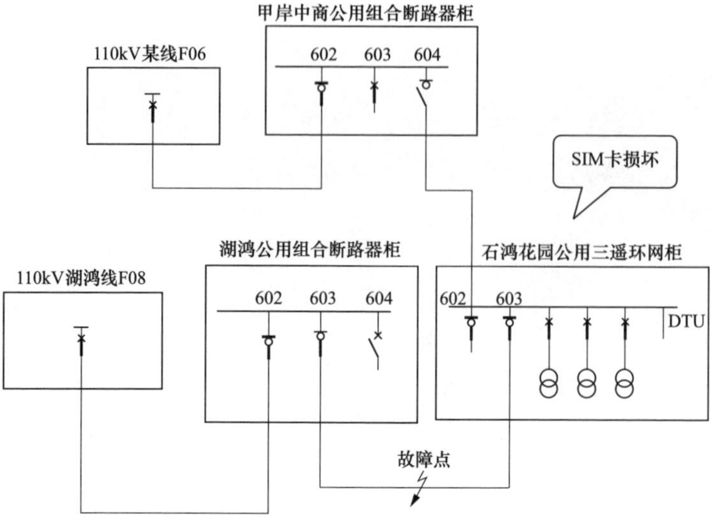

图3-15　10kV湖鸿线F08故障时运行方式图

1.查看报文

查看主站报文，石鸿花园公用三遥环网柜603负荷开关两次遥控分预置均失败，预置超时。

2.故障信号检查

查OCS系统，故障时段，石鸿花园公用三遥环网柜终端已离线，系统无告警信号。

3.排查SIM卡

登录检测程序软件，见图3-16，进入无线设置界面，点击拨号状态信息下面的查看，SIM卡故障有三种情况：

（1）登录后获取的IP地址为172…，示例如图3-17所示。

（2）一直处于正在发送AT指令，无IP地址，示例如图3-18所示。

（3）一直处于正在协商IP地址，无法获取IP地址，示例如图3-19所示。

以此方法，发现石鸿花园公用三遥环网柜终端SIM卡与示例图1情况相同，确定为SIM卡损坏。

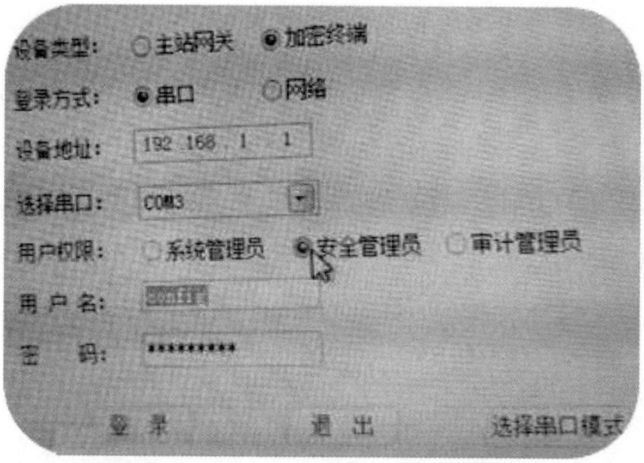

图3-16 某厂家通信模块软件登录界面

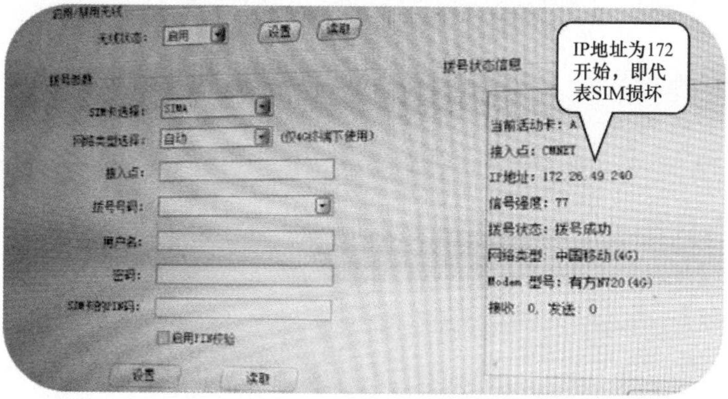

图3-17 SIM卡损坏示例1

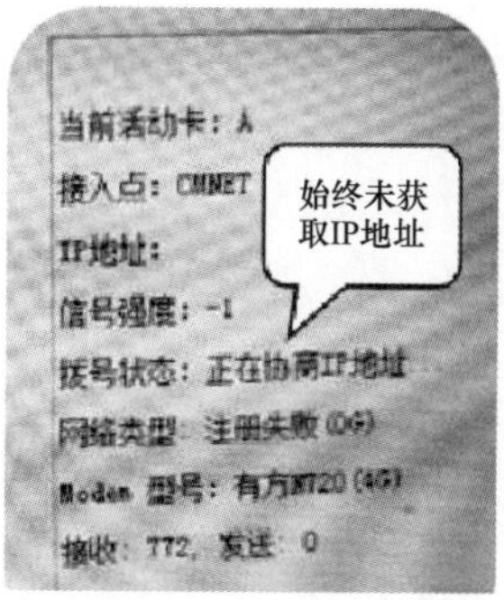

图3-18 SIM卡损坏示例2

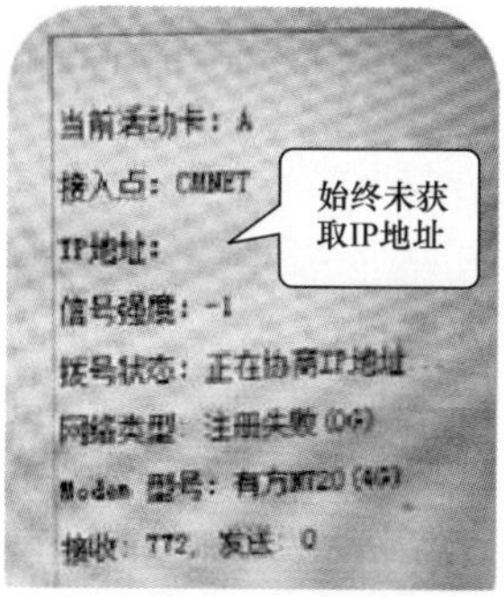

图3-19 SIM卡损坏示例3

4.处理措施

更换SIM卡后，终端设备调试上线，设备运行正常。

遥控失败原因分析

石鸿花园公用三遥环网柜终端SIM卡损坏，无法接收和回复主站指令，调度遥控失败，快速复电失败。

暴露问题

深圳等沿海片区，气候高温湿热。终端SIM卡暴露在高温潮湿工作环境时，表面易凝结水气，加速SIM卡损坏，造成终端离线。

提升措施

加密模块卡槽配置密封胶圈，防止湿热空气接触SIM卡。DTU柜内配置足够容量的冷凝除湿器，以改善终端运行环境。

第四章 配电网运行方式典型异常事件

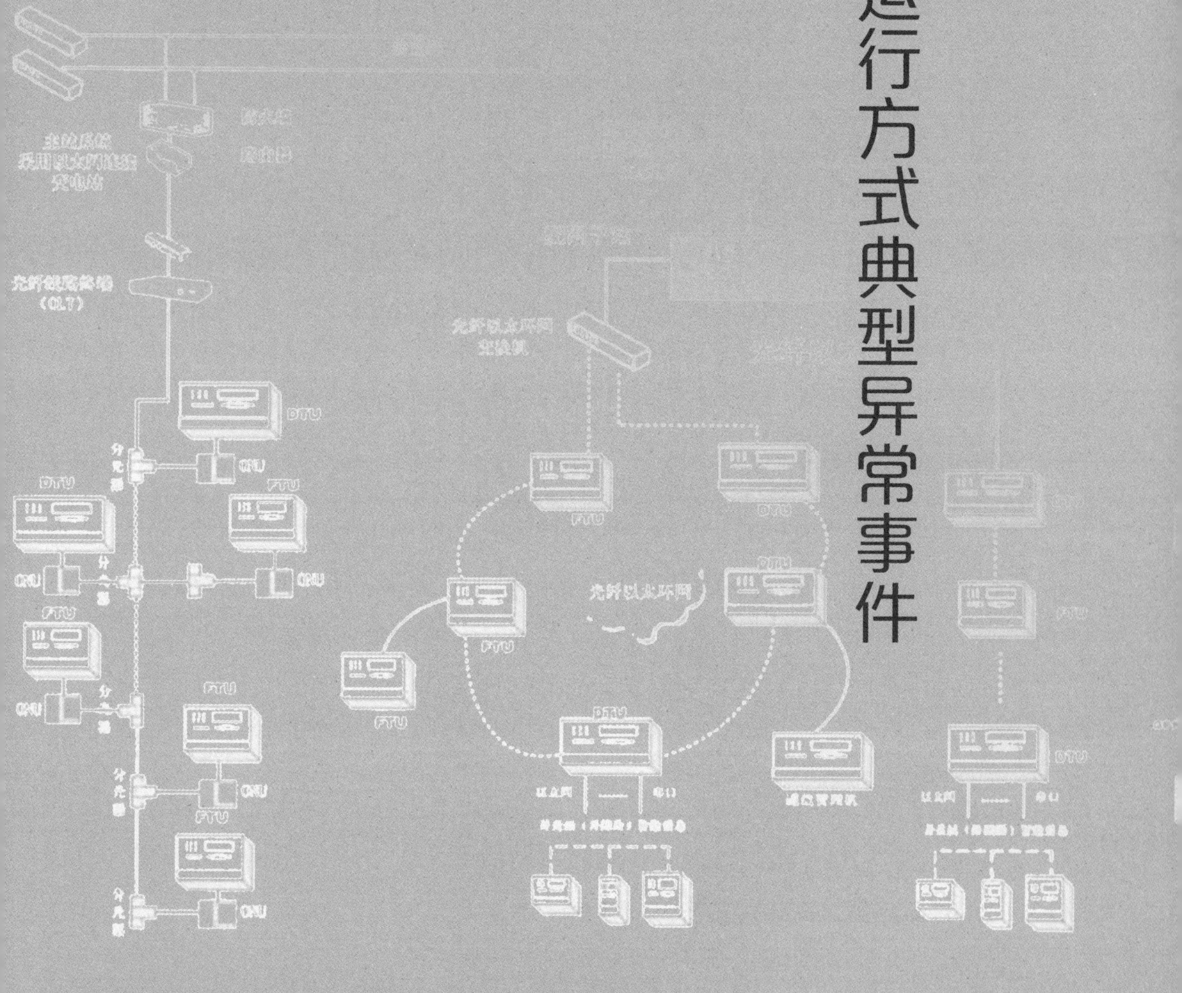

第一节 非正常运行方式

·非正常运行方式导致快速复电失败分析·

事件概述

2021年5月12日，110kV某变电站10kV正大一线F01站内断路器跳闸，调度在快速复电过程中，遥控分正大一线公用组合断路器柜605断路器，成功；联络点田丰线1号公用环网柜602负荷开关，不具备“三遥”功能，快速复电失败。

运行方式

故障时，10kV正大一线F01运行方式如图4-1所示，该馈线组已投集中式自愈，正大一线公用组合断路器柜、大华6号公用组合断路器柜、松兴精密公用组合断路器柜及车电网络公用组合断路器柜具备三遥功能，田丰线1号公用环网柜不具备三遥功能。

设备检查

经查，10kV正大一线F01站内断路器至正大一线公用组合断路器柜605断路器之间电缆故障。

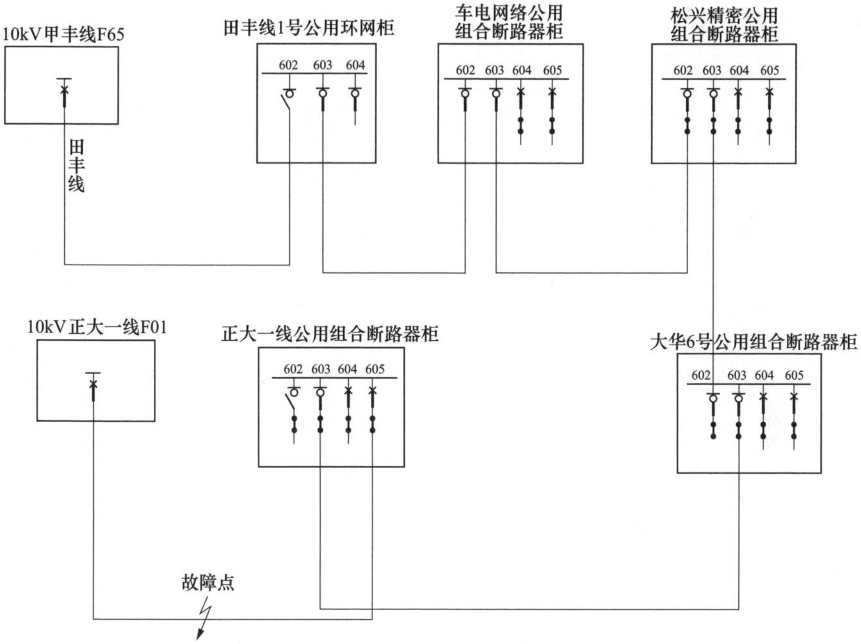

图4-1　10kV正大一线F01故障时运行方式图

快速复电失败分析

该自愈馈线组常态联络点为松兴精密公用组合断路器柜603负荷开关，5月10日，安排10kV田丰线F65线路计划检修，该线路所有负荷转为10kV正大一线F01供电，联络点转到田丰线1号公用环网柜602负荷开关。计划检修工作已于当天结束，运行方式未及时调整为正常运行方式。在临时方式下，联络点“田丰线1号公用环网柜”不具备“三遥”功能，调度无法遥控，快速复电失败。

暴露问题

自愈线路计划检修工作结束后，未及时恢复正常运行方式，使馈线组的联络开关设在非自动化设备（不具备三遥），线路发生故障，无法遥控合联络点开关，导致快速复电失败。

提升措施

（1）自愈线路计划工作结束后，及时将馈线组恢复正常运行方式。

（2）增加具备“三遥”功能环网柜的数量，运行方式安排将更灵活，自愈隔离故障更精准，自愈能力更强。

·10kV新葵线F13站内跳闸自愈未启动分析·

事件概述

2022年6月6日，110kV某变电站10kV新葵线F13站内断路器跳闸，自愈未启动，调度快速复电成功。

运行方式

10kV新葵线F13正常运行方式如图4-2所示，该馈线组已投自愈功能，在葵冲医院3号专用环开603断路器处与其他馈线组存在联络关系，按照《配网线路集中式自愈投运方案》要求，需在葵冲医院3号专用环开603断路器处挂隔离牌，防止自愈馈线组之间转供电。正常运行时，603断路器在分闸状态。葵冲医院3号专用环开603断路器与其他供电线路之间存在备用自动投入设备。

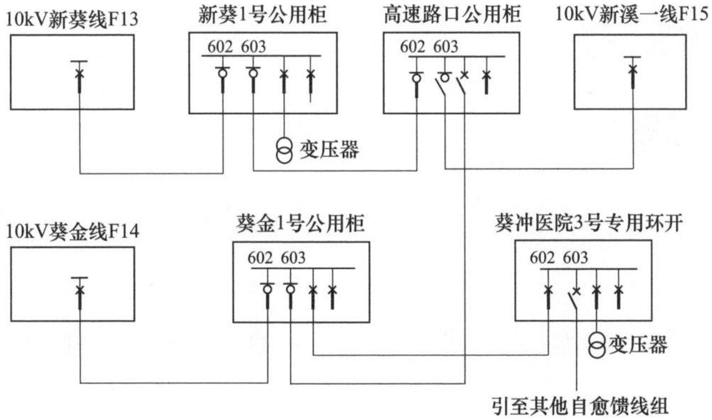

图4-2　10kV新葵线F13正常运行方式图

设备检查

经查，10kV新葵线F13站内断路器至新葵1号公用柜602负荷开关之间电缆故障，挂自愈隔离牌的葵冲医院3号专用环开603断路器为合位状态。

自愈未启动原因分析

经查OCS系统，挂自愈隔离牌的葵冲医院3号专用环开603断路器处于合位导致自愈闭锁，如图4–3所示。

1	2022-06-06 08:53:25跳闸断路器对应线路上有边界设备葵冲综自站F26葵冠线葵冲医院3号专用环开 603遥信位置为合闸状态，闭锁启动
2	2022-06-06 08:53:25跳闸断路器对应线路上有边界设备葵冲综自站F26葵冠线葵冲医院3号专用环开 603遥信位置为合闸状态，闭锁启动

图4-3　10kV新葵线F13故障自愈闭锁原因

正常运行方式下，葵冲医院3号专用环开603断路器为分位，并挂隔离牌。故障发生时，603断路器为合位，挂隔离牌。倒查603断路器合位的原因，6月2日，葵冲站F26葵冠线站内跳闸，603断路器备自投动作，分开602断路器，合上603断路器，使供电方式发生变化，当故障修复后，未恢复正常运行方式。

暴露问题

（1）运行方式动态管理不到位，故障修复后，未及时恢复正常运行方式；

（2）自愈隔离牌动态管理不到位，未随运行方式变化调整。

提升措施

（1）严格落实运行方式动态管理，因公用设备故障导致运行方式发生变化时，应在故障修复后1个工作日内恢复正常运行方式。对于配置了备自投的专用设备，应及时跟踪，在故障修复后2个工作日恢复正常运行方式，确保配电自动化发挥作用。

（2）落实自愈隔离牌动态管理，应每天开展自愈隔离牌系统巡检工作，发现自愈隔离牌挂在合位开关时，应及时核实情况，确定运行方式是否为永久性变更，永久性变更需在3个工作日完成自愈隔离牌变更；临时变更应及时恢复正常运行方式。

（3）研究自愈隔离牌系统自检功能，并主动报警。

第二节 自愈联络点状态

·莹展2号智能公用柜604断路器遥控合闸失败分析·

事件概述

2021年3月29日22时21分，110kV某站10kV荣田线F17站内断路器跳闸，在快速复电过程中，遥控合莹展2号智能公用柜604断路器失败，快速复电失败。

事件过程

22时21分，10kV荣田线F17站内断路器跳闸。

22时26分，调度遥控分莹展2号智能公用柜602负荷开关，成功。

23时15分，调度遥控分东部公交1号公用柜602负荷开关，成功。

00时11分，调度遥控合莹展2号智能公用柜604断路器，失败。

00时33分，现场手动合莹展2号智能公用柜604断路器隔离开关。

00时38分，调度遥合莹展2号智能公用柜604断路器，操作成功。

设备检查及处理

1.二次设备检查

现场检查保护测控装置、交换机、永磁驱动、电源管理模块等均正常运行，分合闸指示灯与断路器实际位置相同。

2.一次设备检查及处理

莹展2号智能公用柜604断路器气压正常，一次设备无异常，隔离开关处于分闸状态。

现场手动合上莹展2号智能公用柜604断路器隔离开关，向调度申请遥控操作，调度遥合莹展2号智能公用柜604断路器，操作成功。

事件分析

1.遥控合闸失败分析

控制回路如图4-4所示，图中SA为“远方/就地”把手，CZ1为航空插头，QF为断路器辅助开关，KG为隔离开关辅助触点，ZM为外部控制口。

就地分闸命令传输路径：正电4KD：1~2（101）—SA③④—CZ1—QF—CZ1—4KD：5—KG—4KD：4—4KD：3（102），如图4-4虚线标识。

遥控分闸命令传输路径：正电4KD：6~7（103）—CZ1—QF—CZ1—4KD：5—KG—4KD：4—4KD：3（102），如图4-4实线标识。

由合闸控制回路图可知，断路器的合闸回路中串入了隔离开关辅助触点KG，当隔离开关分开时，KG触点打开，遥控合闸回路断开，无法实现遥控合闸。

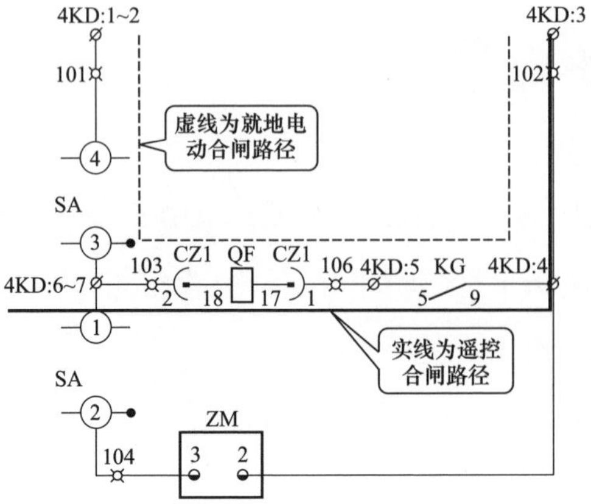

图4-4 合闸控制回路

2.隔离开关分位原因追溯

查保护测控装置SOE记录，如图4–5所示，图中“遥信24”表示隔离开关位置，“开”表示处于分位。2020年4月9日17：52：01，莹展2号智能公用柜604断路器隔离开关变为分位，到本次事件发生，该隔离开关一直处于分位。

经查，4月8—9日确有停电操作，工作票和操作票均要求工作结束后转热备用，但未执行。

软件版本标识标题		数据数目	设备名称	记录类型	数据名称	
<?xml soft=Fa1080 Vers!		1024	智能配电终端104	SOE记录	HistSoeTable	
序号	数据名称	事件状态	时间	毫秒	组件名称	事件类型
877	遥信19	合	2020-04-08 12:28:17.Apr	371	一体化测控终端	其他
878	外设1遥信1	合	2020-04-08 12:28:17.Apr	753	一体化测控终端	其他
879	L1备用遥信2	开	2020-04-09 17:45:43.Apr	379	一体化测控终端	其他
880	遥信19	开	2020-04-09 17:51:35.Apr	302	一体化测控终端	其他
881	遥信20	合	2020-04-09 17:51:35.Apr	303	一体化测控终端	其他
882	外设1遥信1	开	2020-04-09 17:51:35.Apr	419	一体化测控终端	其他
883	遥信4	合	2020-04-09 17:51:35.Apr	984	一体化测控终端	其他
884	遥信24	开	2020-04-09 17:52:01.Apr	72	一体化测控终端	其他
885	遥信4	开	2020-04-09 18:03:40.Apr	199	一体化测控终端	其他
886	遥信21	合	2020-04-19 10:36:05.Apr	603	一体化测控终端	其他
887	遥信21	开	2020-04-19 16:04:47.Apr	666	一体化测控终端	其他
888	L1备用遥信2	合	2020-07-14 10:48:05.Jul	741	一体化测控终端	其他
889	外设2遥信2	开	2020-07-14 11:23:40.Jul	656	一体化测控终端	其他
890	外设1遥信4	合	2020-10-18 10:22:59.Oct	213	一体化测控终端	其他
891	外设2遥信4	合	2020-10-18 10:23:05.Oct	52	一体化测控终端	其他
892	遥信4	合	2020-10-18 10:44:41.Oct	598	一体化测控终端	其他
893	遥信25	开	2020-10-18 10:44:41.Oct	624	一体化测控终端	其他

图4-5 SOE事件记录

结论

10kV荣田线F17站内断路器跳闸，调度遥控分莹展2号智能公用柜602负荷开关成功，遥合莹展2号智能公用柜604断路器失败。经查，遥控失败的原因为604断路器处于冷备用状态。

暴露问题

（1）工作结束后，未按工作票、操作票要求恢复运行方式。

（2）自愈线路的联络开关未保持在热备用状态。

（3）OCS系统不能对隔离开关的位置进行巡检。

七、整改措施

（1）刚性执行工作票、操作票操作内容。

（2）联络开关保持在热备用状态是自愈成功、快速复电成功的基础，必须保持在热备用状态。

（3）在OCS系统增加隔离开关位置的遥信，实现系统在线监测联络开关的隔离开关状态，并自动报警。

第五章 配电一次设备典型异常事件

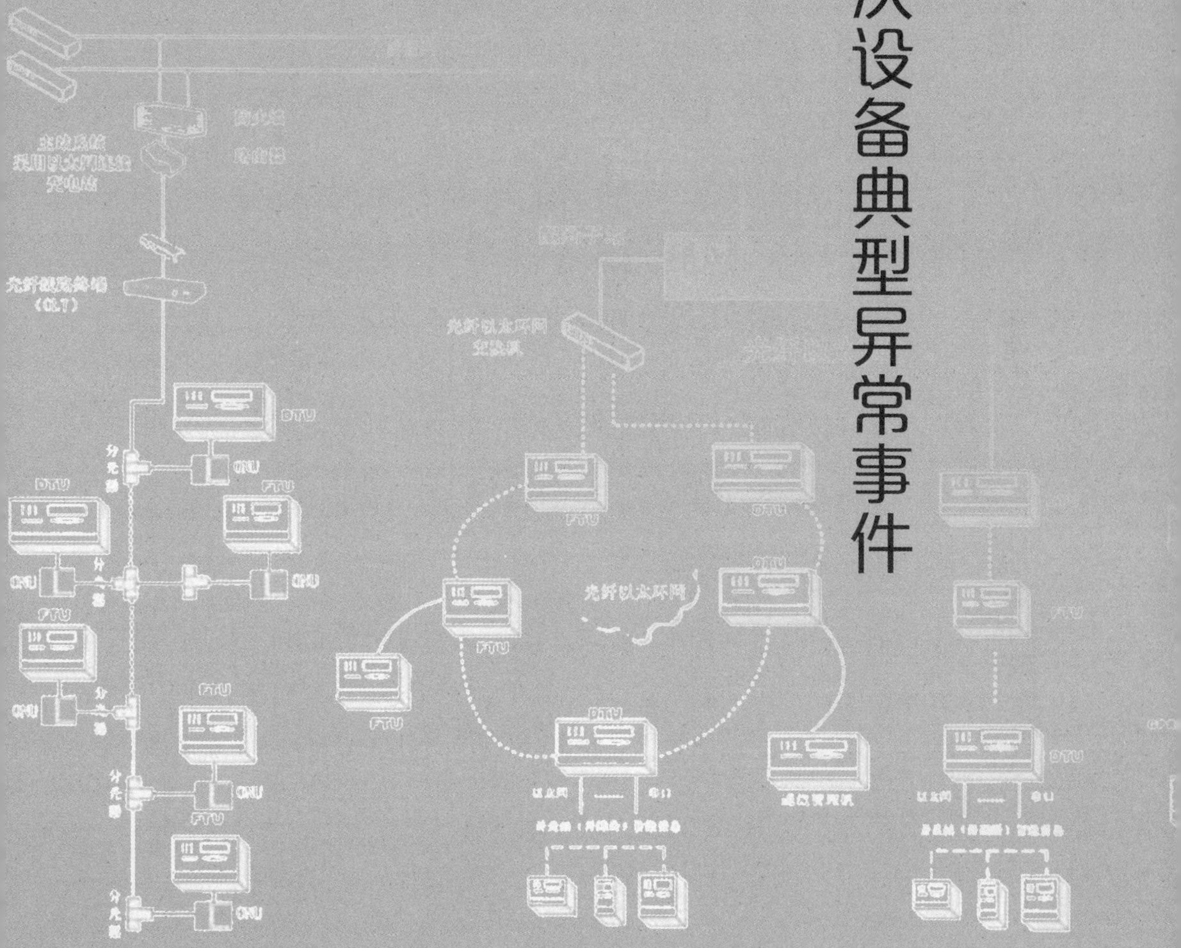

第一节 操动机构

·10kV 侨安线 F27 快速复电失败分析·

事件概述

2021年1月12日00时17分，110kV某变电站10kV侨安线F27威信达2号公用开关站604断路器跳闸。

00时26分，调度遥控分10kV侨安线F27威信达2号公用开关站607负荷开关，成功，故障隔离成功；00时30分，调度遥控合10kV长坑二线F14长坑16号公用户外开关箱605负荷开关，失败，快速复电失败。

事件前运行方式

故障时运行方式如图5–1所示，10kV侨安线F27和10kV长坑二线F14组网运行，其中，威信达2号公用开关站和长坑16号公用户外开关箱均具备三遥功能，联络点为长坑16号公用户外开关箱605负荷开关。该馈线组未投自愈。

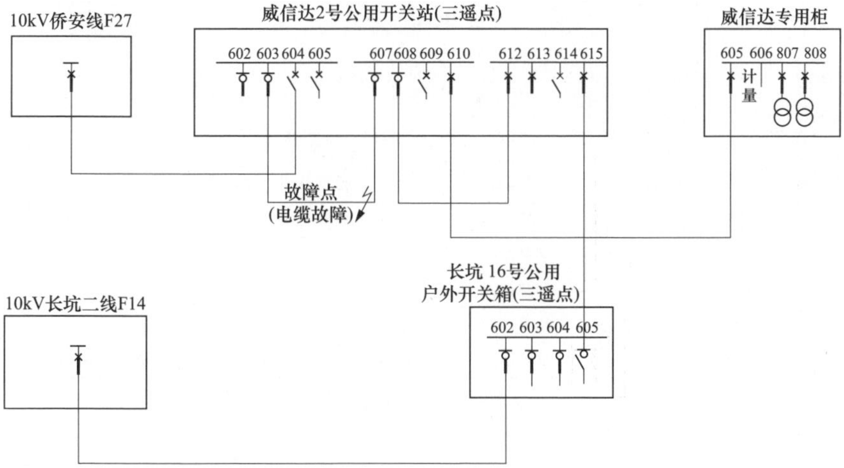

图5-1 馈线组故障时运行方式图

设备检查及处理

1. 一次设备检查

经查，威信达2号公用开关站603号负荷开关至607号负荷开关之间段电缆故障。

现场检查开关气压正常，设备外观检查正常，设备运行正常。

2. 二次设备检查

检查DTU装置控制报告，见图5-2，装置执行遥控命令正常。

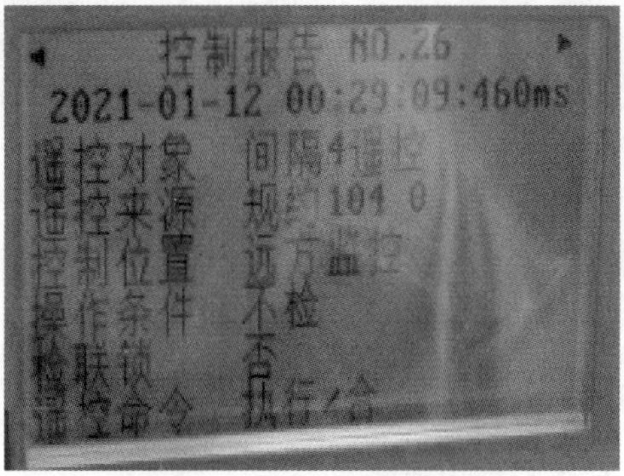

图5-2 DTU装置控制报告

查询主站OCS系统终端遥控信息，详见图5-3，调度执行遥控合闸两次，预置均成功，遥控操作合闸均失败。

序号	告警内容
1	2021-01-12 00:28:10 某某站F14长坑二线 长坑16号公用户外开关箱 605 遥控预置合
2	2021-01-12 00:28:16 某某站F14长坑二线 长坑16号公用户外开关箱 605 遥控执行合
3	2021-01-12 00:28:33 某某站F14长坑二线 长坑16号公用户外开关箱 605 控合失败
4	2021-01-12 00:28:50 某某站F14长坑二线 长坑16号公用户外开关箱 605 遥控预置合
5	2021-01-12 00:29:05 某某站F14长坑二线 长坑16号公用户外开关箱 605 遥控执行合
6	2021-01-12 00:29:23 某某站F14长坑二线 长坑16号公用户外开关箱 605 控合失败

图5-3 调度遥控终端信息记录

现场做好安全措施后，解开电机电源线，将“远方/就地”把手置就地位置，按下DTU终端合闸按钮，测电机电源线电压为27.2V，表明DTU装置控制回路正常，测量结果见图5-4。

图5-4 一次侧电动机电源输出值

1月16日，设备停运，做进一步检查。按下“合闸”按钮，听到电动机在运转，但负荷开关未合闸；使用操作杆进行就地操作，将该负荷开关合上；将一次设备机构室面板拆下，发现电机与负荷开关操动机构连接处齿轮磨损严重，详见图5-5。

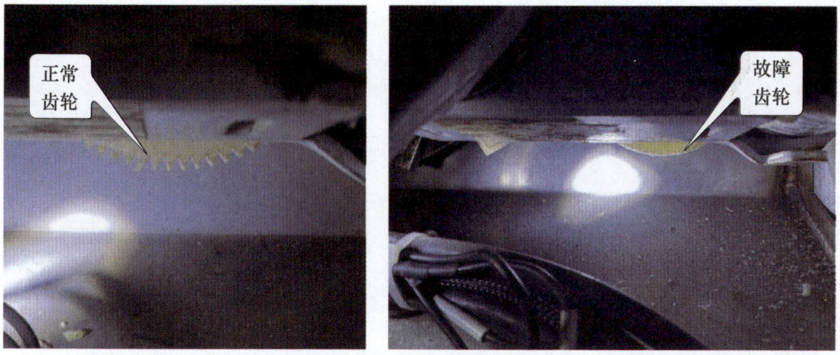

图5-5　一次机构齿轮照片

更换齿轮及相关的设备，调度遥控合605负荷开关，成功。

分析与结论

经查，DTU装置遥控信息记录齐全，二次回路正确，遥控命令执行正常。拆开机构面板，发现电机与机构连接处齿轮磨损严重，更换后，遥控合闸，成功。由此，可判定遥控失败原因为机构内齿轮损坏。

整改措施

（1）对该厂家同类设备进行排查与消缺。

（2）招标技术条件书中增加对齿轮的技术要求。

·10kV 线翠景路 2 号公用柜遥合失败分析·

事件概述

2021年7月22日，调度遥控合翠景路2号公用柜601负荷开关，失败，现场电动合601负荷开关，失败，现场用操作杆合闸，成功。

二次回路及元器件排查

（1）经查，“远方/就地”把手在远方位置，合闸出口连接片在投入状态，二次接线牢固，空气开关均在合位。

（2）用通断法检测二次合闸回路，详见图5-6，断开控制电源空气开关，将“远方/就地”把手置就地位置，投入合闸出口连接片（1LP2），同时按下预控按钮（1YA）和合闸按钮（1HA），用万用表蜂鸣挡，测量3D11与2D2，发出蜂鸣，由此判断合闸回路正常。

（3）打开操动机构面板，负荷开关操动机构如图5-7所示。

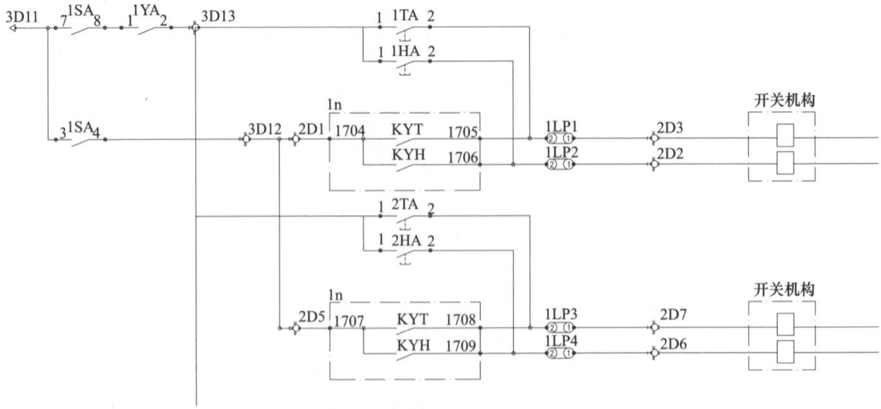

图5-6　601负荷开关控制回路

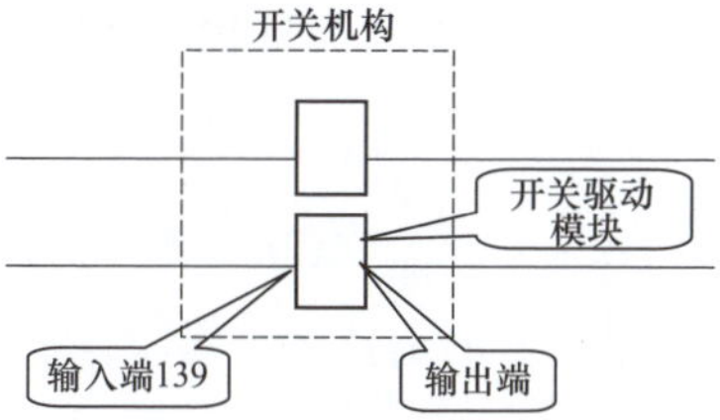

图5-7　601负荷开关操动

（4）合上控制电源空气开关，同时按下预控、合闸按钮，测量驱动模块输入端139与公共负电压为DC 25.2V，如图5-8所示。

图5-8　测量示意图

（5）发现驱动模块分、合闸指示灯同时亮，如图5-9所示，判断负荷开关辅助触点异常。

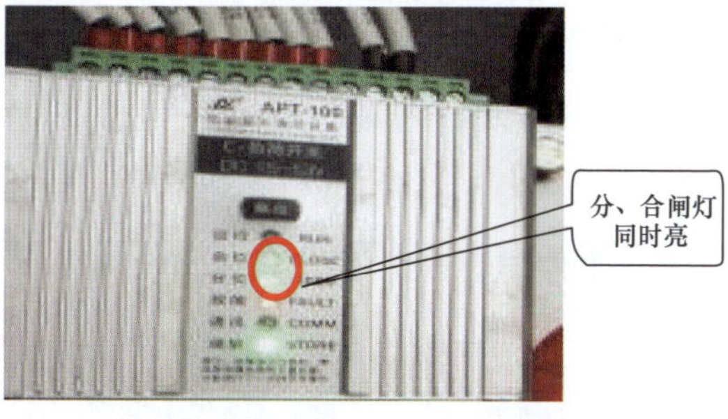

图5-9　负荷开关驱动模块指示灯

（6）检查负荷开关辅助触点，发现负荷开关辅助触点松动，见图5-10。

（7）断开控制电源空气开关，重新紧固负荷开关辅助触点，合上控制电源空气开关，驱动模块指示灯正常，如图5-11所示，按下预控、合闸按钮，601负荷开关合闸成功。

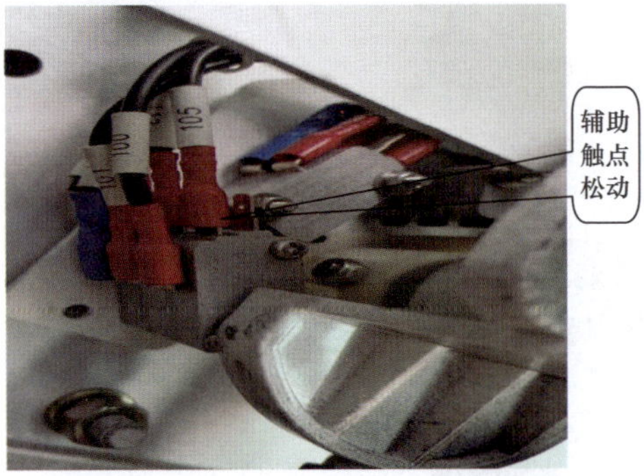

图5-10　负荷开关辅助触点松动

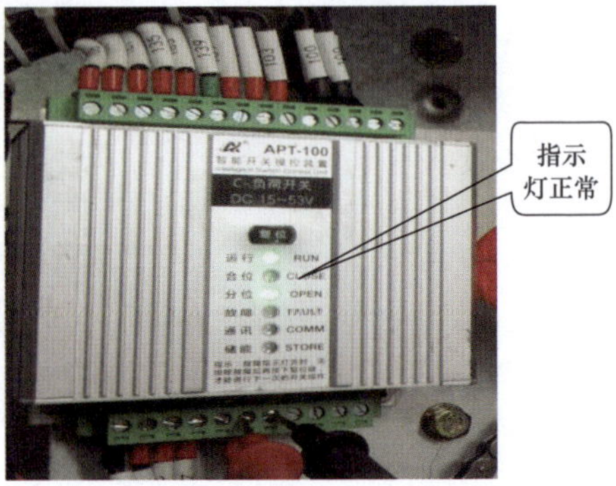

图5-11　负荷开关驱动模块

分析与结论

调度遥合翠景路2号公用柜601负荷开关失败，现场人员电动合601负荷开关失败，经排查，原因为负荷开关辅助触点松动。

整改措施

（1）驱动模块增加自检功能，当发生分合闸位置错误时，应能够发信，该信号接入OCS系统，可以远程系统巡检，提前发现缺陷并消缺。

（2）利用晨操、不停电定检、停电检修等多种手段检验设备是否正常运行。

·10kV七沥线F47弹簧操动机构卡滞缺陷分析·

事件概述

2020年10月25日12时48分，110kV某变电站10kV七沥线F47站内断路器跳闸，调度端收到凤沥组合断路器柜602、603负荷开关故障告警信号，调度实施快速复电，遥控分凤沥组合断路器柜603负荷开关，失败，调度快速复电失败。

运行方式

故障时，10kV七沥线F47运行方式如图5-12所示，凤沥组合断路器柜为三遥点，故障时终端在线，具备快速复电条件。

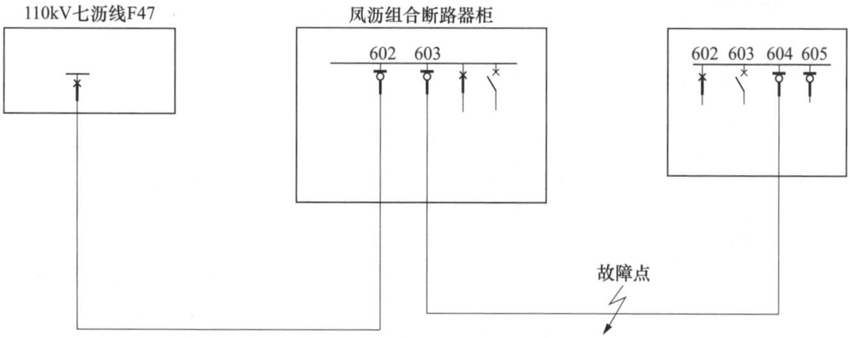

图5-12 10kV七沥线F47故障时运行方式图

设备检查及处理

1.一次设备检查

经查，凤沥组合断路器柜603负荷开关后端电缆故障。就地分凤沥组合断路器柜603负荷开关，失败，打开机构面板后，操作603负荷开关，失败，操动机构卡滞、开关拒动。

2.二次设备检查

查历史告警信息，风沥组合断路器柜602、603负荷开关发出告警信号；调度端故障定位正确，查配电终端遥控记录，终端收到遥控操作指令，遥控预置成功。

3.处理措施

打开操作面板，对机构进行清洁润滑，修复弹簧操动机构后，就地电动操作分合闸成功。

原因分析

经排查，遥控风沥组合断路器柜603负荷开关失败，原因为机构卡滞。

提升举措

（1）对机构进行清洁润滑或更换操动机构，并对同厂家设备进行排查及专项维护工作。

（2）对该厂家设备列入重点“晨操”范围，以检测设备性能，发现缺陷及时处理。

第二节　电压互感器

·10kV新生二线F06幼儿K01智能断路器保护未启动分析·

事件概述

2021年3月18日10时26分，110kV某变电站10kV新生二线F06站内断路器跳闸。经查，紫苑G01隔离开关故障，故障前端的幼儿K01智能断路器未跳闸。

运行方式

故障时，10kV新生二线F06运行方式如图5-13所示，幼儿K01智能断路器为柱上断路器，配置控制器FTU。

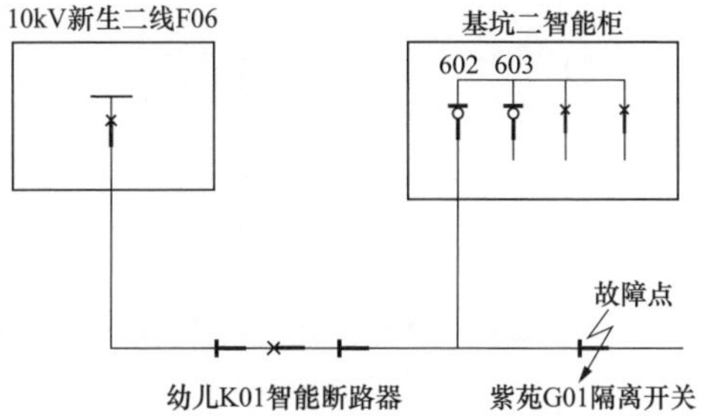

图5-13　10kV新生二线F06故障时运行方式图

设备检查及处理

经查，幼儿K01智能断路器FTU失电，测量蓄电池电压为14V。10kV新生二线F06线路复电后，幼儿K01智能断路器FTU仍处于失电状态，测量交流电源空气开关（AC 220V）输入端1Q–7和1Q–8，如图5–14所示，测量结果为0V。

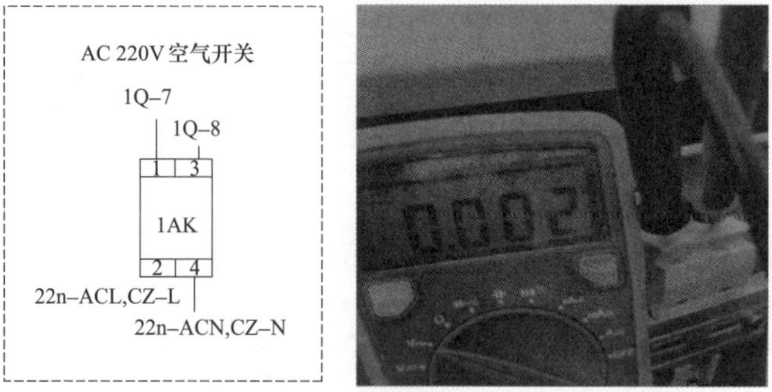

图5-14　幼儿K01智能断路器控制器交流输入测量数据

测量取电TV电缆航插电源输入端子电压，如图5–15所示，显示0V。

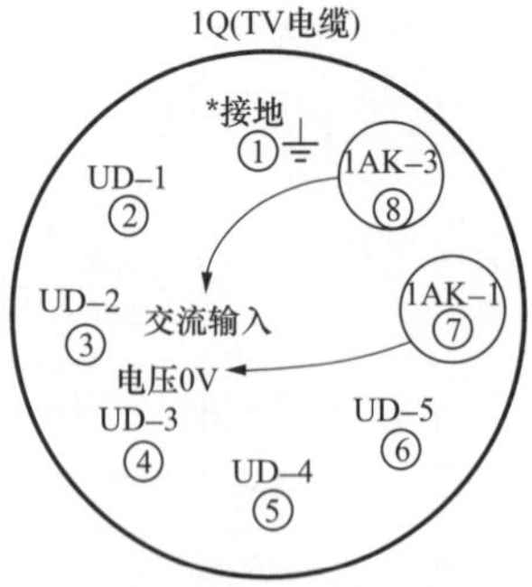

图5-15　TV电缆航插电源输入端交流电压测量图

对照二次接线图，查看TV二次绕组引出端子，如图5–16

所示，测量1a与1b之间电压为AC 100V，2a与2b之间电压为AC 220V，交流电源接线接在了2a和1b，判定TV二次电源回路接线错误，经现场接线改接至2a和2b，幼儿K01智能断路器FTU恢复正常运行。

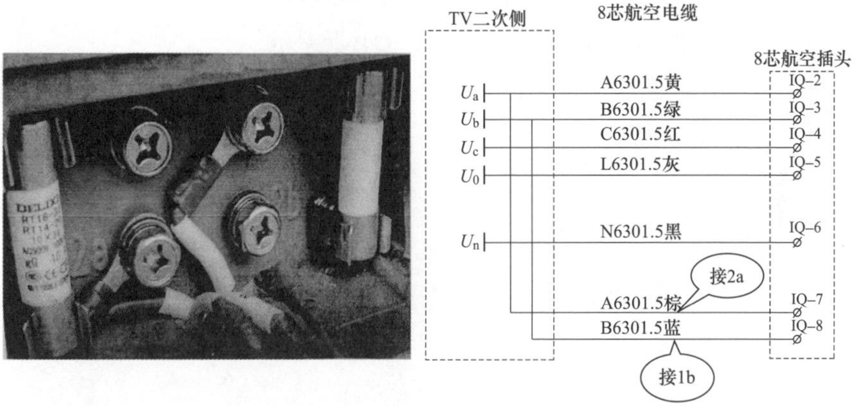

图5-16　TV二次端子接线图

分析与结论

TV二次绕组引出线（电源组）接线错误，使FTU无主供电源，控制器由后备电源（蓄电池）供电，电量不足时，FTU失电，终端离线，当线路发生故障时，幼儿K01智能断路器FTU未启动，断路器未跳闸。

暴露问题

（1）在TV安装时，二次接线未按照图纸接线。

（2）设备送电后，未检查终端供电方式是否正确，即主电源供电还是备用电源供电。

整改措施

（1）提升施工质量，开展项目施工过程管理，发现问题及时纠正。

（2）严把验收关，在涉及设备出厂后的二次回路接线，要严格根据图纸核对，并通过试验进行验证，确保二次回路接线无误。

（3）将终端供电方式检查纳入送电作业表单。

第三节 电流互感器

·10kV 果矮 K01 智能断路器保护拒动分析·

事件概述

2020年8月16日17时41分，110kV某变电站10kV鼎牛线F06站内断路器跳闸，重合不成功。经查，故障点在果矮K01智能断路器后段，果矮K01智能断路器保护拒动。

运行方式

故障时，10kV鼎牛线F06运行方式如图5-17所示，该线路所带负荷为鼎牛线全线负荷，故障时，负荷电流约为200A。鼎牛一环开的四个间隔均为负荷开关，配置DTU，果矮K01智能断路器为柱上断路器，配置保护测控装置。

设备检查及处理

（一）一次设备检查

经查，故障原因为音品电子（深圳）有限公司专用变压器AB相短路故障，故障位置如图5-17所示，故障点在果矮K01智能断路器后端，

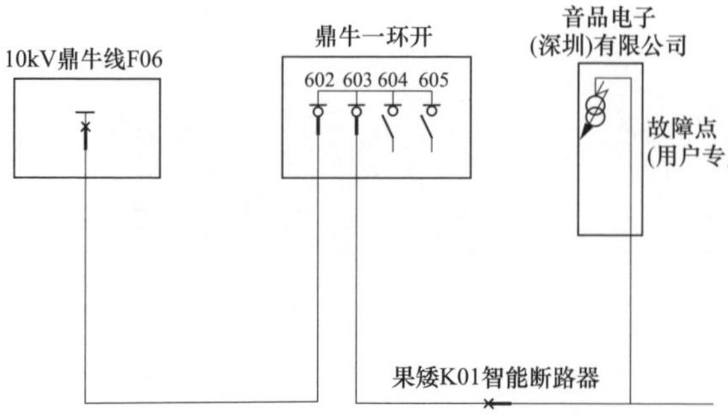

图5-17　10kV鼎牛线F06故障时运行方式图

果矮K01智能断路器无异常。

（二）二次设备检查及处理

现场检查智能断路器保护测控装置及各指示灯工作运行正常，保护测控装置无启动信号、无动作信号、无告警信号，运行正常。

1.二次设备检查

查询历史告警记录，如图5-18所示，故障时，果矮K01智能断路器保护装置采集电流数值为0A；检查航空插头，如图5-19所示，保护装置侧电流航空电缆插头螺母未打紧。

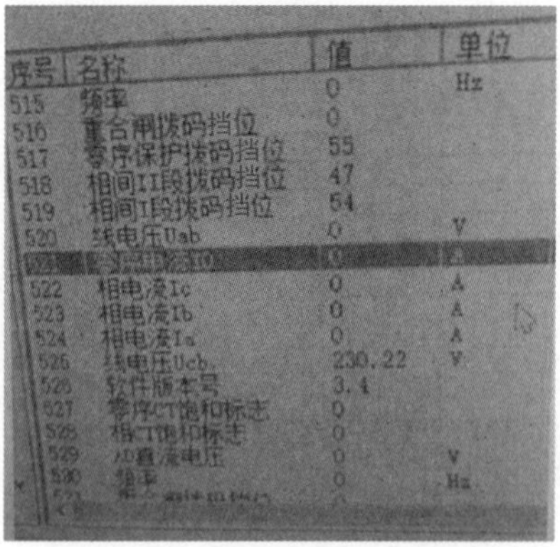

图5-18　开关历史告警

图5-19 航空电缆插头图

该电流航空电缆引自一次电流互感器，引至保护测控装置，航空电缆插头靠保护测控装置侧锁紧螺母未打紧，导致保护测控装置电流采样异常，A、B、C三相采样电流均为0。

2.处理措施

电流互感器二次接线到航空电缆插头上，航空电缆插头在拔开状态下，电流互感器的二次侧处于开路状态，电流互感器在运行状态下，其二次侧存在高电压的风险，对人身和设备造成伤害。因此申请停电，将电流航空电缆插头重新插紧并将锁紧螺母打紧。

送电后，检查保护电流采样值，三相电流均为1.67A，零序电流0A。

分析与结论

音品电子（深圳）有限公司专用变压器故障，故障前端的果矮K01智能断路器保护测控装置拒动，经现场检查与分析，拒动的原因为果矮K01智能断路器靠保护测控装置侧的电流航空插头锁紧螺母未打紧，保护测控装置无法对故障电流进行采样，导致断路器保护测控装置拒动，变电站内10kV鼎牛线F06断路器越级跳闸。

暴露问题

（1）施工安装不到位，安装时未将航空电缆插头锁紧螺母打紧。

（2）新装设备送电后以及设备巡视、OCS巡检均未查看该保护测控装置采样值。

（3）靠保护装置侧的电流航空插头不具备自封功能，如发生插头脱落，存在产生高电压的风险，对人身和设备造成伤害。

整改措施

（1）新装设备，应按照相关要求，规范安装，严格把关新设备安装质量，特别注意一、二次设备接线是否紧固可靠。

（2）新装设备送电后，应检查装置电流采样及运行情况。

（3）鉴于部分电流航空电缆插头不具备自封功能，一旦发现电流插头连接不紧固或脱落，应该停电处理。

（4）在招标技术要求中明确，保护测控装置侧的电流航空插头应具备自封功能。

·金稻田组网公用柜未上送故障信号导致故障定位失败分析·

事件概述

2020年4月14日21时45分，220kV某变电站10kV关南线F53站内断路器跳闸，调度端未收到金稻田组网公用柜的故障信号，故障定位失败，快速复电失败。

运行方式

故障时，10kV关南线F53运行方式如图5-20所示，10kV关南线F53与10kV关北线F54组成单环网。金稻田组网公用柜、翠岭苑公用柜均配有DTU柜，具备三遥功能，翠岭苑变压器为翠岭苑住宅小区供电。

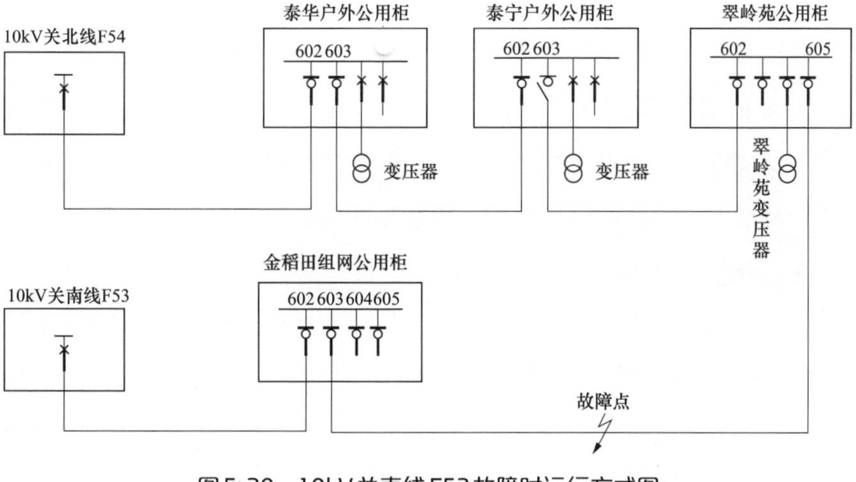

图5-20 10kV关南线F53故障时运行方式图

设备检查及处理

1. 一次设备检查

现场检查金稻田组网公用柜602负荷开关和603负荷开关均在合闸状态，柜体气压正常，电缆室TA接线无异常，603负荷开关后段电缆本体破损，有明显灼烧痕迹。

2. 二次设备检查

检查站内断路器动作报告，零序保护动作，一次故障电流83A，动作时间136ms，故障电流、故障时间均超过金稻田组网公用柜DTU定值，DTU的一、二次定值见表5-1。

表5-1　　金稻田组网公用柜DTU定值表

设备名称	二次定值	一次定值	动作行为
金稻田组网公用柜	过流：4.58A/0.05s； 零序：1.5A/0.1s	过流：550A/0.05s； 零序：30A/0.1s	发信

3. 加量试验

在金稻田组网公用柜DTU电流端子排加量试验，加量3A，DTU采样显示2.99A。二次小室（仪表室）电流端子加量3A，DTU采样显示0.01A。说明二次小室（仪表室）与DTU柜之间的电流回路异常。

4. 二次回路排查

检查二次小室（仪表室）电流回路端子排，靠DTU侧电流端子（上方）被短接片短接，如图5-21所示。

检查金稻田组网公用柜厂家TA回路图，S1引出线进DTU，中间经过二次小室端子排，在此处被短接，如图5-22所示。

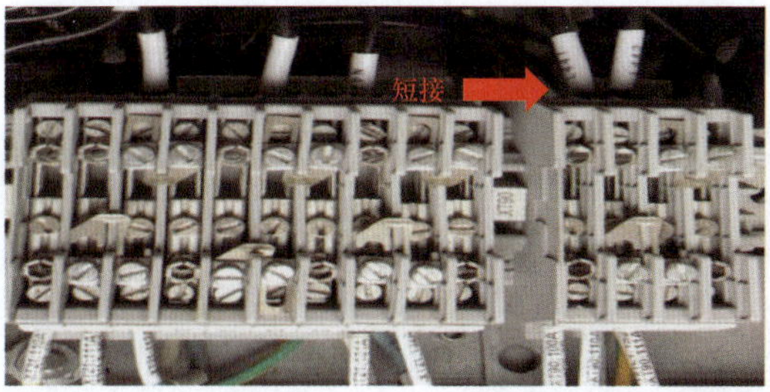

图5-21　二次小室（仪表室）电流回路端子排

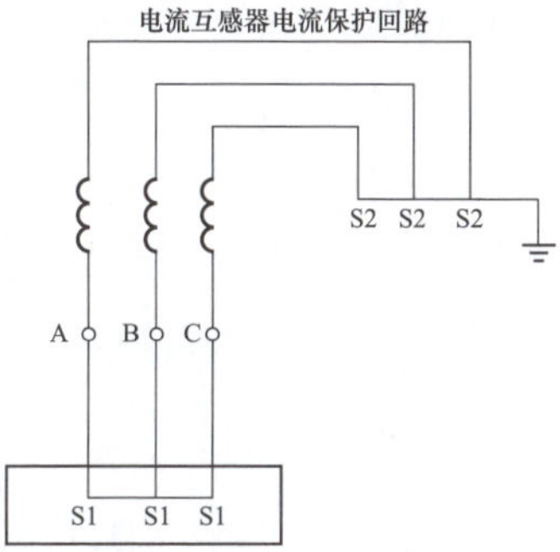

图5-22　TA回路图

5.处理措施

安全措施：断开操作电源空气开关，退出分闸出口硬连接片，将TA电流端子短接，短接方式如图5-23所示，并用钳型电流表测量短接线电流，确认短接正确、牢固。

拆除短接片：用螺丝刀将电流端子短接片拆除。

恢复安全措施：拆除电流回路短接线，查看DTU电流采样值，如图5-24所示。确认终端无启动、无动作、无异常，再投入出口连接片，合上操作电源空气开关。

分析与结论

10kV关南线F53站内断路器跳闸，调度快速复电时，故障定位失败。经现场检查，站内断路器动作报告，故障电流、动作时间均大于

图5-23　电流回路短接法图

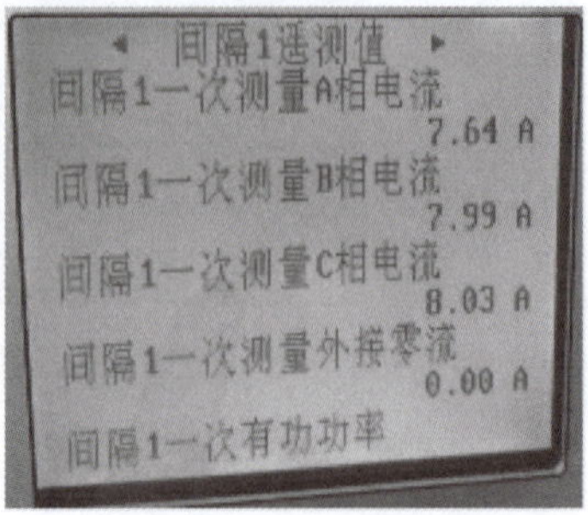

图5-24　遥测值截图

金稻田组网公用柜DTU定值，而DTU未发故障信号。在金稻田组网公用柜DTU及二次小室电流端子分别加量试验，对比DTU采样值，确定电流回路异常，发现二次小室电流回路，靠DTU侧电流端子被短接。故DTU在故障时未采集到故障电流，导致DTU未发故障信号。

暴露问题

（1）安装不规范。施工安装时，未将环网柜二次小室电流端子短接片拆除。

（2）主站联调和终端保护试验未按表单作业，未按表单要求，在环网柜二次小室电流端子或一次TA二次绕组处加量试验。

（3）送电后，未查看装置采样值，以确定设备、回路运行正常。

整改措施

（1）规范现场安装标准，须将二次小室电流端子短接片拆除。

（2）试验必须在二次小室端子或一次TA二次绕组处加量试验。

（3）完善送电表单，送电后须查看装置指示灯、采样值、开入等信息。

·10kV 宝利线 F07 零序 TA 二次短接分析报告·

事件概述

2021年12月7日15时50分，110kV某变电站10kV宝利线F07站内断路器跳闸。经查，“东方大道与金开路公用组合断路器柜”603负荷开关与宝利来1号公用环网柜602负荷开关之间的电缆故障，“东方大道与金开路公用组合断路器柜”为三遥点，未上送告警信号，导致故障定位失败。

运行方式

故障时，10kV宝利线F07运行方式如图5-25所示，东方大道与金

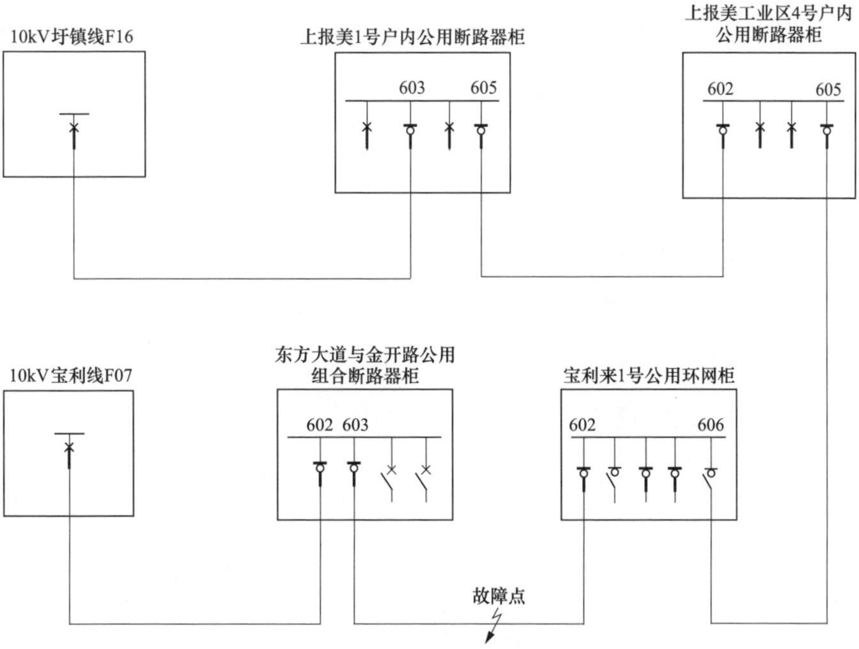

图5-25　10kV宝利线F07故障时运行方式图

开路公用组合断路器柜（KKBB），配置了保护测控柜（BC），且为三遥点，宝利来1号公用环网柜为普通柜，该线路未投自愈功能。

设备检查及处理

（一）一次设备检查

经查，“东方大道与金开路公用组合断路器柜”603号负荷开关与宝利来1号公用环网柜602负荷开关之间的电缆故障。一次负荷开关无异常。

（二）二次设备检查

1.通信检查

经查OCS系统，东方大道与金开路公用组合断路器柜终端，故障时段保持在线状态。

2.定值检查

“东方大道与金开路公用组合断路器柜”602、603负荷开关的告警定值设置均为：过流告警值为4.58A/0.05s（一次值为550A）；零序告警值为1.5A/0.1s（一次值为30A），相关软连接片、控制字均投入，以上设置符合公司规定，定值设定正确。

3.故障信号检查

经查，“东方大道与金开路公用组合断路器柜”终端SOE无告警信号记录。

4.二次回路检查

经查，终端电流在0.002A左右变化，与一次电流对比，判定装置采样异常；查二次小室内的电流回路端子排，电流回路端子排照片如图5-26所示，电流回路原理图如图5-27所示，从图5-26中可看出，电流端子被短接，保护测控装置无法采集到电流。

图5-26 二次小室TA端子排图

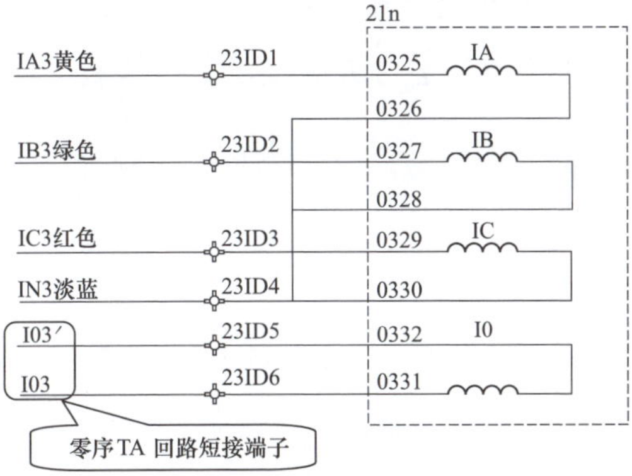

图5-27 交流电流回路图

（三）处理措施

安全措施：退出分闸出口连接片、断开操作电源空气开关。

处理：将“东方大道与金开路公用组合断路器柜”二次小室内电流回路短接片拆除。用继电保护试验仪在二次小室电流端子处加电流，A相：1A；B相：2A；C相：3A，观察装置采样，采样正确。再输入电流4.8A，保护测控装置发告警信号，主站系统收到告警信号。

恢复安全措施：合上操作电源空气开关，投入分闸出口连接片。

原因分析

“东方大道与金开路公用组合断路器柜”二次小室内电流端子被短接片短接，即TA出线被短接，测控装置无法采集到电流，当线路发生故障时，装置无法采集故障电流，无法发出故障告警信号，造成本次故障定位失败。

提升措施

设备入网投运前，继电保护试验须在二次小室或TA二次绕组抽头处加量，检测电流回路是否正常。

日常巡视中，应检查终端采样值、定值、开入量、蓄电池、连接片、“远方/就地”把手等的运行关键点，发现缺陷及时处理。

·10kV 线路保护越级跳闸分析·

事件概述

2021年3月2日，110kV某变电站10kV某某线F01东西二路2号公用断路器三遥柜604断路器跳闸，经查，东西二路3号公用断路器三遥柜804开关后端用户设备故障，东西二路3号公用断路器三遥柜602断路器未跳闸。

运行方式

事件发生时，运行方式如图5-28所示，10kV某某线F01线路东西二路1号公用断路器三遥柜602、603负荷开关运行；东西二路2号公用断路器三遥柜602负荷开关运行，604断路器运行；东西二路3号公用断路器三遥柜602、603、804开关运行。

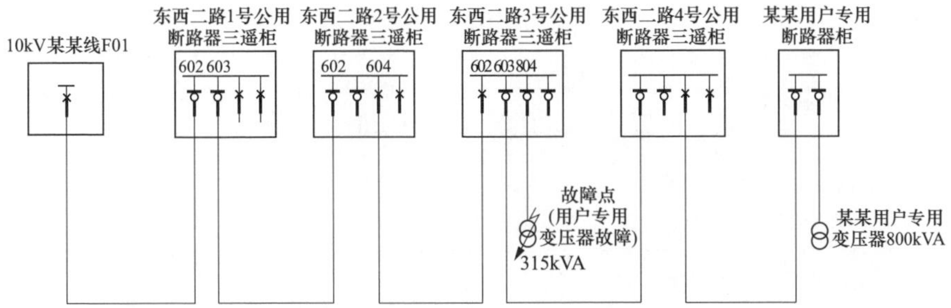

图5-28　故障时运行方式图

设备检查及处理

经查，东西二路3号公用断路器三遥柜804负荷开关后端用户设备A相接地故障。东西二路3号公用断路器三遥柜602断路器保护启动，保护未动作。东西二路2号公用断路器三遥柜604断路器零序保护动作，断路器跳闸。

（一）二次设备检查

1.保护配置及定值

现场检查保护定值、装置动作信息以及断路器状态，相关信息见表5-2。

表5-2　二次设备信息表

设备名称	零序保护定值（二次值）	零序保护定值（一次值）	保护动作	断路器跳闸
东西二路2号公用组合断路器柜604断路器	2A/0.6s	40A/0.6s	是	是
东西二路3号公用组合断路器柜602断路器	1.82A/0.4s	36.4A/0.4s	否	否

2.动作元件

保护动作信息见表5-3。

表5-3　保护动作信息表

设备名称	故障电流（二次值）	故障电流（一次值）	动作元件	动作时间
东西二路2号公用组合断路器柜604断路器	2.08A	41.6A	零序Ⅰ段	655ms
东西二路3号公用组合断路器柜602断路器	—	—	保护启动	—

（二）二次设备试验

1.零序TA变比检查

对零序TA进行升流试验，经测试，东西二路2号公用断路器三遥柜604断路器和东西二路3号公用断路器三遥柜602断路器的零序TA变比正确，误差在合理范围内。

2.零序保护逻辑校验

对保护装置进行试验，从试验结果看，东西二路2号公用断路器三遥柜604断路器和东西二路3号公用断路器三遥柜602断路器的零序保护采样精度合格、逻辑均正确，保护出口固有时间均满足要求。

3.其他检查

零序电流互感器屏蔽层检查，发现东西二路3号公用断路器三遥柜602断路器电缆屏蔽层接线如图5-29中间图，属于错误接线。

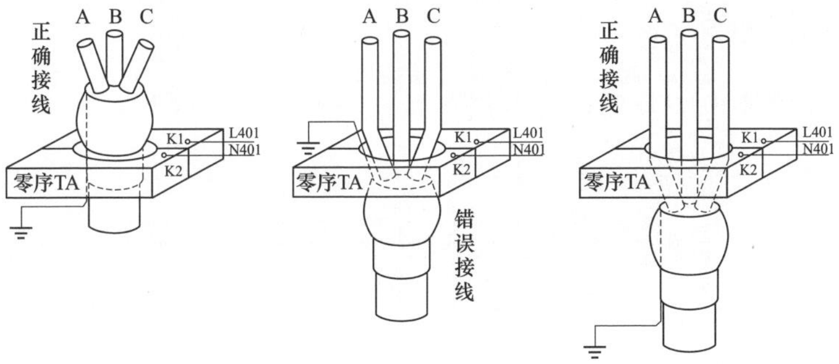

图5-29　电缆屏蔽层接线图

分析与结论

经查，装置零序定值整定正确，符合上下级配合原则；经零序TA升流试验，变比，误差在合理范围内；经试验，装置采样、逻辑、保护固有出口时间均正确。经查，东西二路3号公用断路器三遥柜602断路器的零序电流互感器的电缆屏蔽层接线错误。

零序电流互感器电缆屏蔽层三种接线方式如图5-29所示，按照GB 50168—2018《电气装置安装工程　电缆线路施工及验收标准》中7.2.8电力电缆金属护层接地线未随电缆芯穿过互感器时，接地线应直接接地；随电缆芯穿过互感器时，接地线应穿回互感器后接地。电缆屏蔽层具有感应电流，图5-29左侧的接线方式，电缆与电缆屏蔽层接线同时从零序电流互感器内穿过，电流大小相等，方向相反，相互抵消，此接线方式下，零序电流互感器所测电流即零序电流；图5-29右侧的接线方式，电缆与电缆屏蔽层接地线均不穿过零序电流互感器，此接线方式下，零序电流互感器所测电流即零序电流；图5-29中间接线方式，零序电流互感器测量的电流包含零序电流和电缆屏蔽层的感应电流，两者方向相反，因此该接线方式下，零序电流互感器测量电流小于实际故障时的零序电流，可引起保护拒动。

暴露问题

（1）零序电流互感器屏蔽层接线错误，导致一次侧发生接地故障，故障前端保护装置仅启动，未动作。

（2）施工人员技术水平差，未按照有关技术要求施工。

（3）设备验收不完整，未完全按照作业表单开展验收工作。

整改措施

（1）加强对施工队伍技术培训，严格按照技术要求施工。

（2）严格按照作业表单开展验收，不得缺少验收项目。

第六章 配电二次设备典型异常事件

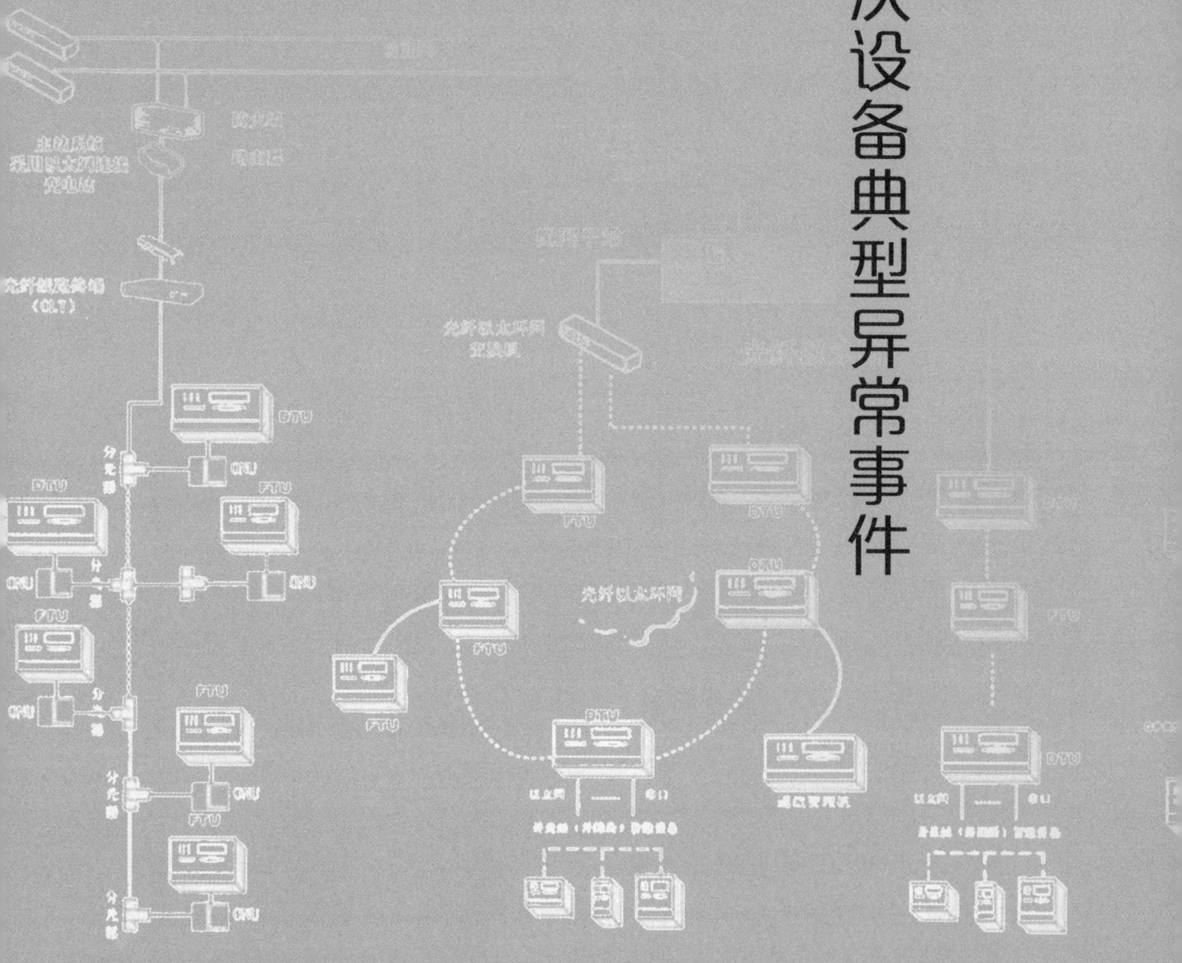

第一节 二次回路

·TV二次接线错误导致保护装置异常分析·

事件概述

2020年9月16日，金水线K01智能断路器送电，送电后发现保护测控装置反复启动。

设备检查与处理

1. 一次设备检查

现场检查，金水线K01智能断路器无异常。

2. 二次设备检查

现场检查，金水线K01智能断路器保护装置反复启动。电源管理模块“放电”灯常亮，测量电源管理模块输入电压为AC 110V，测量TV侧电压为AC 110V，初步断定一次TV侧存在异常。

将金水线K01智能断路器转检修，检查一次侧TV二次绕组端子接线，二次接线如图6-1所示。

金水线K01智能断路器电压互感器变比$10\sqrt{3}/0.22\sqrt{3}/0.1$，电压互感器端子标示大写字母A、B、C和N表示一次绕组端子，小写字母

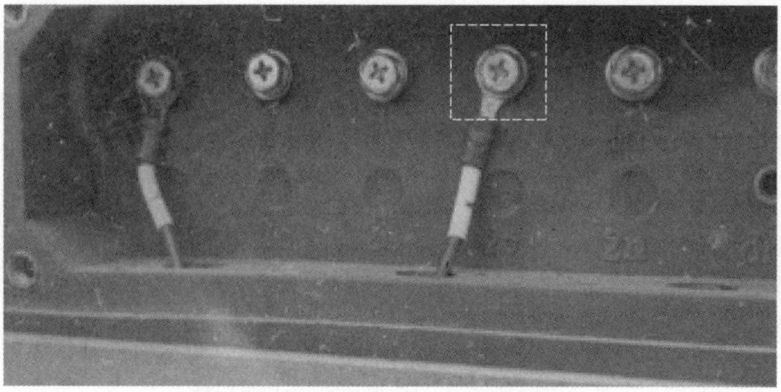

图6-1　TV绕组端子错误接线图

Ia、Ib、Ic和In表示相应的二次绕组端子，如图6-2所示。L、N线应分别接至Ia、Ib、Ic两相之间，输出电压方为AC 220V。现场L、N分别接至TV的Ia和Io端子，现场测量电压为AC 110V，即输入电源管理模块电压力AC 110V，非AC 220V工作电源，无法为保护测控装置提供电源。

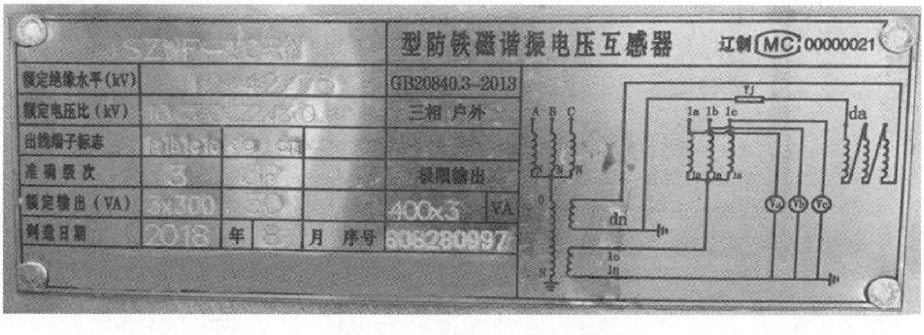

图6-2　TV铭牌二次原理图

3. 处理措施

将金水线K01智能断路器转检修后，将L、N线分别接至TV的Ia和Ib端子，如图6-3所示，保护测控装置运行正常，终端各元器件运行正常。

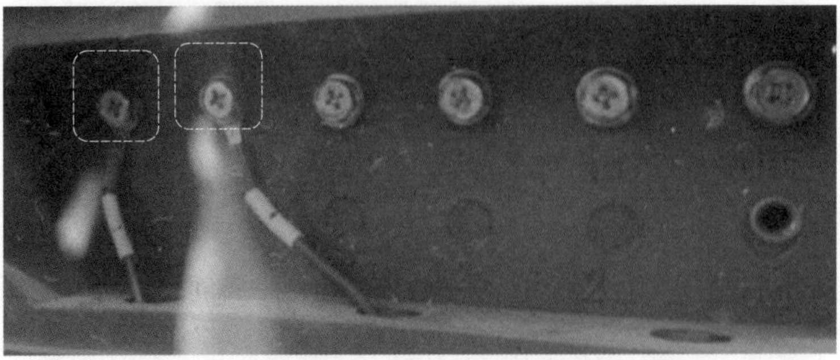

图6-3　TV绕组端子室正确接线图

分析与结论

将电压互感器TV二次原理图和现场接线对应，并根据电压测量结果，判定金水线K01智能断路器TV二次绕组端子接线错误，导致电源管理模块的输入电压仅为AC 110V，保护测控装置无法正常运行。

暴露问题

（1）现场施工接线错误。

（2）设备验收把控不严，未检查出接线错误。

整改措施

（1）加强现场施工人员技术培训和管理，严格按照图纸接线，严把施工质量关。

（2）严格按照验收表单进行设备验收。

· 10kV 荔景园线 F65 自愈未启动分析 ·

事件概述

2021年8月10日15时32分，某110kV变电站10kV荔景园线F65美丽园公用柜602断路器跳闸，主站集中式自愈未启动。

运行方式

故障时，10kV荔景园线F65运行方式如图6-4所示，10kV荔景园线F65与10kV国信组网线F26组成单环网供电方式，馈线组自愈功能投入。

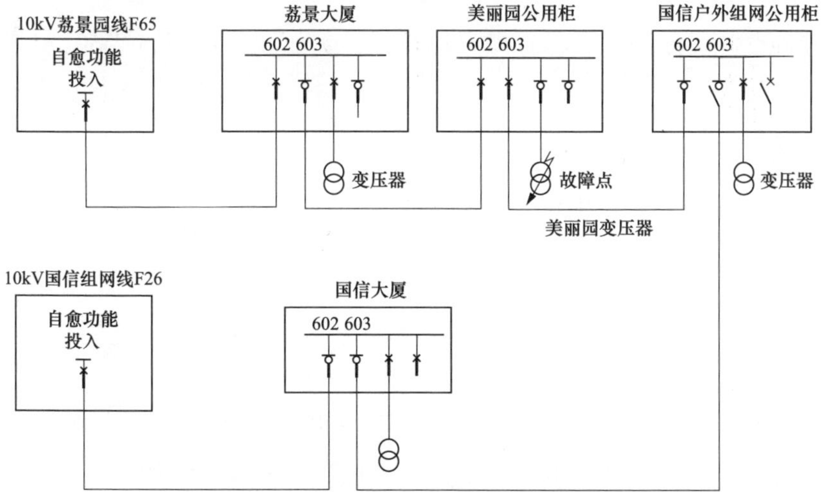

图6-4　10kV荔景园线F65故障时运行方式

设备检查及处理

1. 一次设备检查

经查，故障为美丽园变压器，变压器本体故障。荔景大厦602为分段断路器，断路器处于合位，美丽园公用柜子602为分段断路器柜，断路器处于分位。

2.二次设备检查

检查保护定值，荔景大厦602过流Ⅰ段定值为16.67A/0.2s，过流Ⅱ段定值为5.5A/0.7s，零序定值为2.5A/0.7s，控制字均按跳闸设置。美丽园公用柜602过流Ⅰ段定值为15A/0.1s，过流Ⅱ段定值为5A/0.4s，零序定值为2A/0.5s，控制字均按跳闸设置。以上两间隔的相TA变比均为600/5，零序TA变比均为100/5，定值符合上下级配合关系。

检查动作报告，美丽园公用柜终端动作报告，602过流Ⅱ段动作，故障电流8.2A，动作时间0.43s，故障相别为AB相。

3.自愈启动逻辑检查

查看配电自动化主站系统中的10kV荔景园线F65自愈逻辑，荔景大厦602分段断路器参与自愈启动逻辑，美丽园公用柜终端602分段断路器不参与自愈启动逻辑。

4.二次回路检查

检查美丽园公用柜602控制回路，保护跳闸出口线21ND18未解开，如图6-5所示。

5.处理措施

美丽园公用柜终端602不参与自愈启动逻辑，该终端应“只发信，不跳闸”，该终端不能通过整定的方式实现“只发信，不跳闸”的功能，需将保护跳闸线解开，保护定值按照发信整定原则整定。

安全措施：断开美丽园公用柜操作电源空气开关，退出602分闸出口连接片，断开602电机电源空气开关。

解线操作：控制回路如图6-5所示，将保护跳闸出口线21ND18解开，用绝缘胶布包好，将过流定值改为4.58A/0.05s，零序定值改为1.5A/0.1s。

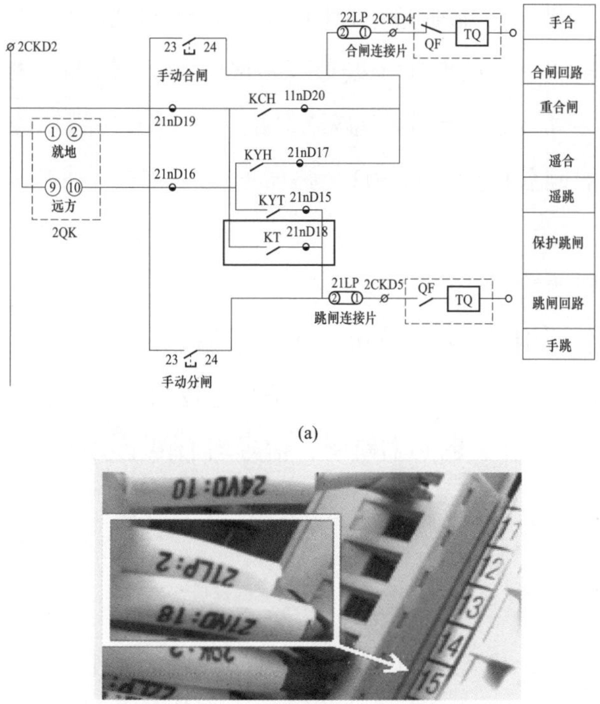

图6-5 保护跳闸出口线未解除

（a）控制回路图；（b）装置接线图

恢复安全措施：合上操作电源空气开关，投入602分闸出口连接片，合上602电机电源空气开关。

分析与结论

1. 自愈功能启动条件

集中式自愈启动条件为站内出线断路器（或站外投入保护跳闸功能的分段断路器）分闸且该断路器保护动作，主站收到“保护动作”信号和该断路器分位信号。

站外多级断路器串供，在自愈动作后，馈线组处于非正常运行方式，保护定值失配，如调整不及时，会导致停电范围扩大。为此，集中式自愈逻辑要求，线路主干线上至多保留1台分段断路器保护投入跳闸功能，其余主干上的分段断路器保护必须退出跳闸功能，只保留发信功能，美丽园公用柜终端602断路器不参与自愈启动逻辑，应退跳闸保留发信。

2.分析与结论

美丽园公用柜602为分段断路器，定值按分段断路器定值整定，但主站设置美丽园公用柜602为“不启动自愈逻辑”，即使线路发生故障，602断路器保护动作，断路器跳闸，信号均上传至主站，主站仍不启动自愈。

暴露问题

（1）按要求，投入集中式自愈逻辑的线路，主干线上至多保留有1台分段断路器保护投入跳闸功能，其余主干上的断路器保护必须退出跳闸功能，保留发信功能。美丽园公用柜终端602未按要求退出跳闸功能。

（2）部分厂家设备不支持通过整定的方式“退跳闸，留发信”，必须通过“解线”的方式达到“退跳闸，留发信”的目的，存在一定的现场作业安全风险。

整改措施

（1）参照控制回路图，在终端装置背板接线处，将保护跳闸线解除。

（2）要求厂家开发相应程序，通过定值整定的方式，实现“退跳闸，留发信”的功能，降低现场作业风险。

·广昌路2号智能柜零序采样异常分析报告·

事件概述

2020年8月5日20时44分，220kV某变电站10kV鼎横三线F04站内断路器跳闸，重合不成功。经查，故障点在广昌路2号智能柜604断路器后段，广昌路2号智能柜604断路器保护拒动。

运行方式

故障时，10kV鼎横三线F04运行方式如图6-6所示，该线路带全线负荷，广昌路2号智能柜604断路器配置保护测控装置，广昌路2号智能柜602为负荷开关，鼎横三环开四个间隔均为负荷开关，配置了DTU。

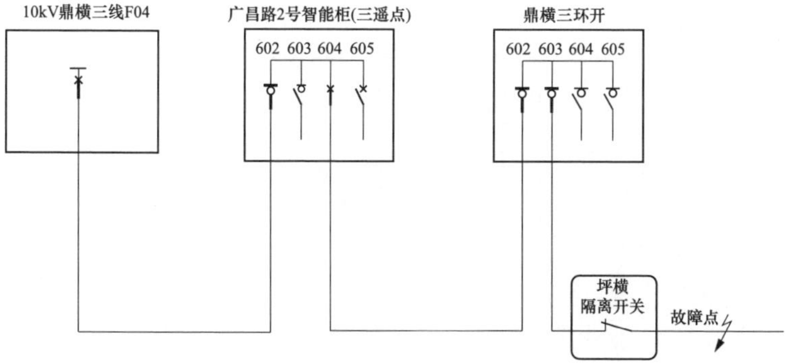

图6-6　10kV鼎横三线F04故障时运行方式图

设备检查及处理

（一）一次设备检查

线路跳闸后，现场检查广昌路2号智能柜604断路器、电缆头、TA

均无异常，604断路器气压在正常范围内，无异常。

故障原因为鼎横三环开后段架空线上坪横隔离开关的绝缘子破裂，故障位置如图6–6所示，在广昌路2号智能柜604断路器后段。

（二）二次设备检查

变电站内10kV鼎横三线F04断路器保护、广昌路2号智能柜602负荷开关和604断路器保护定值详见表6–1，10kV鼎横三线F04断路器和广昌路2号智能柜604断路器保护满足上下级选择性要求；广昌路2号智能柜602负荷开关发信定值满足相关整定规定及运行要求。

检查动作报告，10kV鼎横三线F04断路器保护测控装置动作元件为“零序保护动作”。广昌路2号智能柜602负荷开关保护测控装置发“零序动作告警”信号。广昌路2号智能柜604断路器保护测控装置无启动、无动作、无告警。

表6–1　10kV鼎横三线F04站内外开关保护定值信息表

设备名称	过流Ⅰ段	过流Ⅱ段	零序过流	动作行为
变电站站内F04断路器	2200A/0.3s	720A/0.9s	60A/1.0s	跳闸
广昌路2号智能柜602负荷开关	550A/0.05s	—	30A/0.1s	发信
广昌路2号智能柜604断路器	2100A/0.2s	660A/0.7s	50A/0.8s	跳闸

（三）设备试验处理

1.TA变比检查

经查，TA铭牌变比和保护测控装置参数设定相符；经检测，实测变比与TA铭牌变比相同。

2.保护试验

现场进行继电保护试验，在相TA和零序TA的二绕组抽头施加电流量，试验数据见表6-2，试验数据表明：过流Ⅰ段、过流Ⅱ段的逻辑及定值校验合格；零序过流保护未动作、整套保护未启动。

表6-2　　继电保护试验数据表

试验项目	装置定值	试验加量值	装置动作值	结论
过流Ⅰ段	17.5A/0.2s	18.38A/0.22s	18.37A/0.21s	合格
过流Ⅱ段	5.5A/0.7s	5.78A/0.72s	5.77A/0.71s	合格
零序过流	2.5A/0.8s	2.63A/0.82s	—	不合格

鉴于零序过流保护试验未启动，进行零序采样试验，试验数据见表6-3，通过试验数据判断，零序TA回路断线或装置零序采样错误。

表6-3　　零序保护采样数据表

项目	试验加量值	装置采样值	结论
零序采样	3A	0A	不合格
	4A	0A	不合格
	5A	0A	不合格

3.二次回路检查

现场检查广昌路2号智能柜604断路器保护测控装置零序TA回路各环节，保护测控柜的零序电流端子排接线如图6-7所示，图中端子排左侧接线引自一次柜内端子排，右侧接线与保护测控装置相连。厂家端子接线如图6-8所示，1ID6和1ID7为保护测控装置的零序电流接线端子；1ID4和1ID5短接，为保护测控装置的相电流的N线端子。

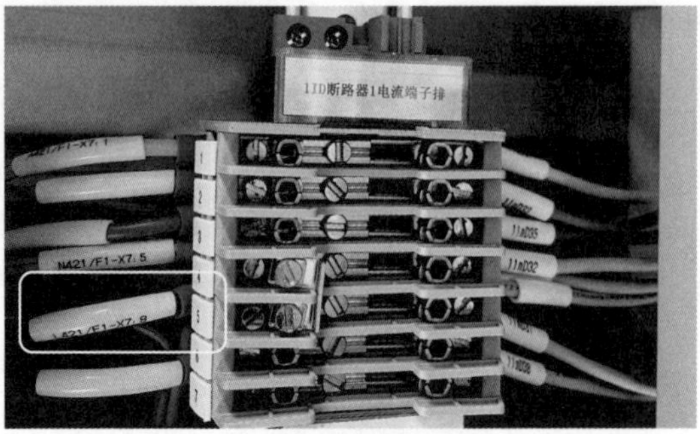

图6-7　现场接线图

左侧端子排

1ID线路1电流		
QF1:XT2-1	1	Ia
QF1:XT2-2	2	Ib
QF1:XT2-3	3	Ic
QF1:XT2-6	4	In
	5	
QF1:XT2-4	6	I0
QF1:XT2-5	7	I0n

图6-8　厂家端子排接线图

现场接线与厂家端子排接线图对比，发现二次柜内端子排1ID5和1ID6左侧接线与图纸不符，1ID6未接线，即零序端子未接线。

经核对TA回路二次线套管标识，并用万用表“蜂鸣挡”检测，确认接入1ID5端子左侧的二次线引自零序TA二次绕组抽头，由此可判断，接入1ID5的二次线应接入1ID6端子。

4.处理措施

将接入1ID5左侧端子的二次线移至1ID6左侧端子，整改后的接线如图6–9所示，与图6–8厂家端子排接线图一致。

接线调整后，再进行保护试验，试验数据详见表6–4，过流Ⅰ段、过流Ⅱ段以及零序过流保护的逻辑及定值校验合格。

图6-9　整改后接线图

表6-4　　　　　　　继电保护试验数据表

试验项目	装置定值	试验加量值	装置动作值	结论
过流Ⅰ段	17.5A/0.2s	18.38A/0.22s	18.37A/0.21s	合格
过流Ⅱ段	5.5A/0.7s	5.78A/0.72s	5.78A/0.71s	合格
零序过流	2.5A/0.8s	2.63A/0.82s	2.64A/0.8s	合格

分析与结论

10kV鼎横三环开后段架空线上坪横隔离开关的绝缘子破裂，广昌路2号智能柜604断路器保护测控装置拒动，经检查、试验与分析，确定保护拒动的原因为：本应接入零序端子1ID6的二次线错误接入了1ID5，1ID6端子左侧未接线，零序TA回路断线，保护测控装置无法对零序电流采样，导致604断路器保护测控装置拒动。

暴露问题

（1）生产厂家未按二次设计图纸进行接线。

（2）厂家供货附有设备出厂试验报告，出厂试验时未检测出该断路器成套设备接线错误，可判断该厂出厂试验报告造假。

（3）经核实，该批次设备未开展到货抽检工作。

（4）设备送电前，未严格按照定检作业表单中的项目和方法进行试验。

（5）配电终端与主站的联调试验未严格按照配电终端DTU交接试验表单中的项目和方法进行联调。

整改措施

（1）针对该厂家同批次设备开展普查，发现问题及时整改。

（2）约谈该厂家，按照相关规定，对该厂家的设备运行评价扣5分。

（3）到货抽检时，做到每批次必抽，并加大抽检比例，特别抽检二次回路，严格按照到货抽检要求进行抽检。

（4）送电前的继电保护试验，必须严格按照继电保护检验作业表单中的试验项目和方法进行试验，如，不应在保测柜端子排加量试验，必须在TA二次绕组抽头加量试验，以检验更大范围的二次回路。

（5）配电终端与主站的联调试验，必须严格按照配电终端DTU交接试验表单的项目和方法进行联调，如，遥测量的联调必须在TA二次绕组抽头加量，力求发现更多的二次回路接线问题。

· 自愈线路故障隔离不精准分析 ·

事件概述

2021年4月8日13时35分，110kV某变电站10kV坪竹线F04站内断路器跳闸，重合不成功。主站启动自愈功能，遥控分中心股份2号智能柜602负荷开关，失败，转为遥控分10kV坪竹线F04富民路1号智能柜602负荷开关，成功，故障隔离成功，后段转10kV坪西线F21供电。

运行方式

故障时，10kV坪竹线F04运行方式如图6-10所示，该线路和10kV坪西线F21组成单环网，联络点为教育南路2号智能柜，具备三遥功能；万得福公用环开不具备三遥功能。

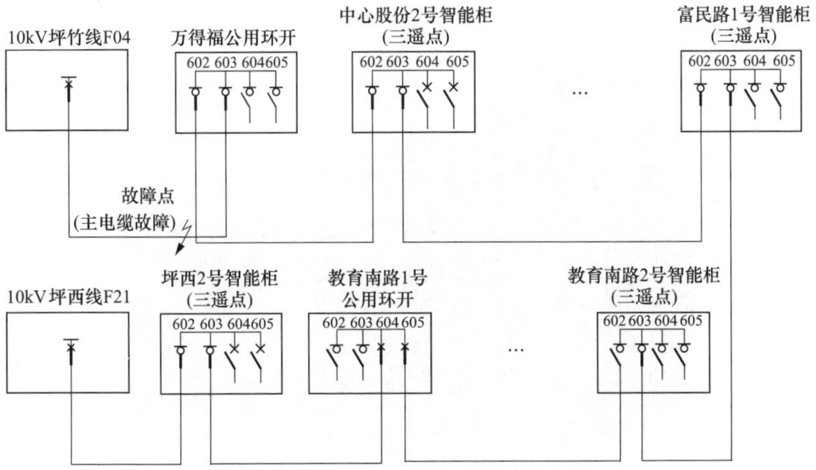

图6-10　10kV坪竹线F04故障时运行方式图

设备检查及处理

（一）一次设备检查

现场用操作杆分合中心股份2号智能柜602负荷开关，成功，一次开关柜正常。

经查站内断路器至万得福公用环开603负荷开关之间电缆故障，如图6-10所示。

（二）二次设备检查及处理

1.保护装置

现场检查发现保护测控装置显示屏及分合闸指示灯均无显示，装置无电。

2.二次回路检查

检查发现中心股份2号智能柜电源模块二次回路接线1X-20/1DK-3松脱，如图6-11所示。

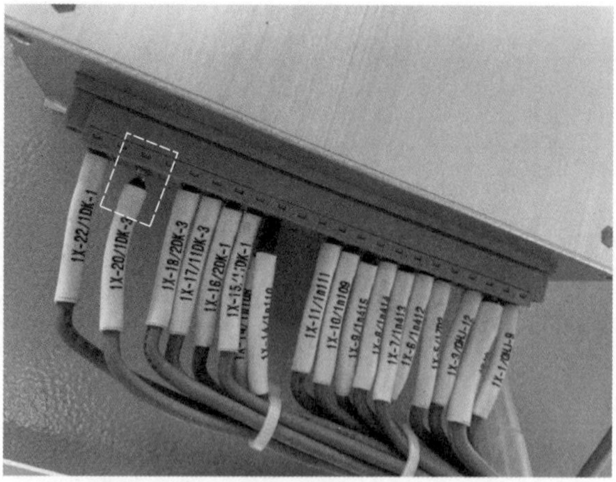

图6-11　电源模块二次接线松动图

现场设备与电源模块二次端子排接线图6-12对比，确定是20号B+端子线松脱，该松脱接线接到蓄电池空气开关，再接到蓄电池正极。

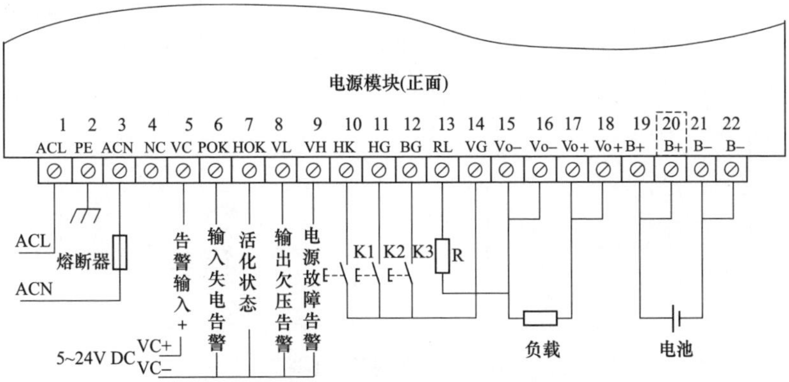

图6-12 电源模块二次端子排接线图

3.处理措施

断开蓄电池空气开关1DK，将松动20号B+端子线，插回拧紧，合上蓄电池空气开关1DK，电源管理模块“放电”灯亮。中心股份2号智能柜送电后，电源管理模块“充电”灯点亮，终端各元器件工作正常。

分析与结论

中心股份2号智能柜电源模块20号B+端子线松动掉落，经查阅图纸，如图6-13所示，该二次线引至电池正极，松脱后导致电池无法进行正常充放电，无法为终端元器件提供电源。

10kV坪竹线F04站内断路器跳闸后，中心股份2号智能柜电源AC 220V失电，终端应切换至备用电源（蓄电池）供电。因电源模块20号B+端子线松脱，蓄电池无法正常放电，终端主供、备供电源均消失，导致遥控中心股份2号智能柜失败。

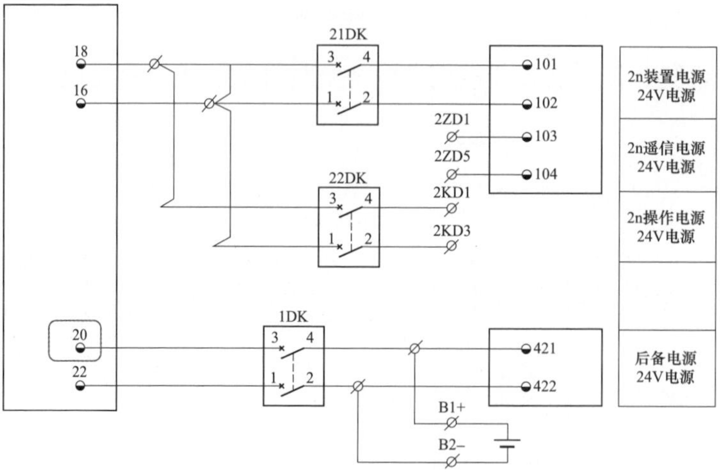

图6-13　装置电源回路

暴露问题

（1）现场验收未严格按照《深圳供电局10（20）kV配网继电保护验收规范》进行验收，未断开交流空气开关，观察电源管理模块“放电”灯是否点亮。

（2）巡视不到位，未发现电源模块二次回路线松脱，以及蓄电池无法放电。

整改措施

（1）设备验收必须严格按照《深圳供电局10（20）kV配网继电保护验收规范》进行验收，特别是二次回路接线检查，应重点关注端子排接线是否紧固，并通过试验验证各回路功能完好。

（2）设备巡视，应将交流空气开关断开，观测电源管理模块“放电灯”是否点亮，终端运行是否正常。

第二节 定值与参数

·10kV鹏莲一线F09莲塘鹏基工业区公用房负荷开关跳闸分析·

事件概述

2021年6月7日22时45分，110kV某变电站10kV鹏莲一线F09莲塘鹏基工业区公用房602负荷开关跳闸。经查，六支队西岭下北村变压器故障。

运行方式

故障时，10kV鹏莲一线F09运行方式如图6-14所示，10kV鹏莲一线F09与10kV鹏莲二线F12组成单环网，联络点在莲塘鹏基工业1号公用房603负荷开关，莲塘鹏基工业区公用房为站外第一级，后段为六支队西岭下北村变压器及其他设备。

设备检查及处理

（一）一次设备检查

莲塘鹏基工业区公用房602负荷开关跳闸，六支队西岭下北村变压器因电房漏水发生短路，变压器本体及线圈均有大面积烧黑痕迹。

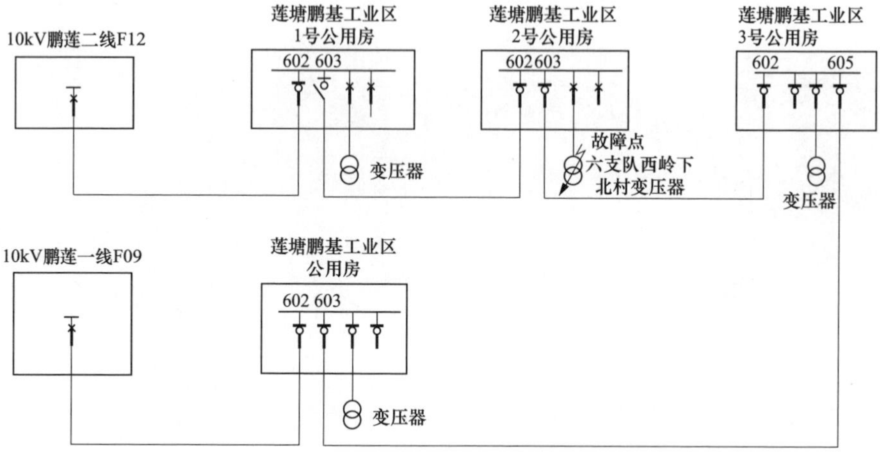

图6-14　10kV鹏莲一线F09故障时运行方式图

（二）二次设备检查

1.装置检查

检查DTU动作报告，显示602负荷开关终端过流Ⅰ段告警，故障电流5.01A，动作时间0.12s，故障相别为BC相。DTU定值检查结果见表6-5。

表6-5　　二次设备信息表

设备名称	过流Ⅰ段定值	TA变比	控制字和软连接片
莲塘鹏基工业区公用房602负荷开关	3.75A/0.1s	600/5	过流Ⅰ段告警：投入； 过流Ⅰ段出口：投入； 出口软连接片：投入

2.保护逻辑图分析

602负荷开关过流Ⅰ段动作逻辑如图6-15所示，当602负荷开关终端采集到故障电流大于定值，且过流Ⅰ段出口投入时，跳闸出口软连接片投入时，602负荷开关的过流Ⅰ段将出口跳闸。

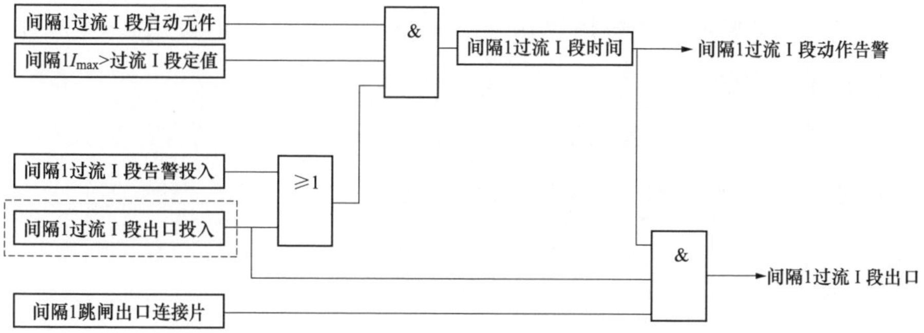

图6-15　间隔1过流Ⅰ段保护逻辑图

（三）处理措施

安全措施：断开602负荷开关的操作电源空气开关，退出602负荷开关的分闸出口连接片，断开602负荷开关的电机电源空气开关。

定值修改：退出602负荷开关的过流Ⅰ段出口控制字，退出602负荷开关的跳闸出口软连接片，定值按照发信定值整定，过流发信定值为一次值550A/0.05s，零序发信定值为一次值30A/0.1s，折算到二次值为：过流保护整定为4.58A/0.05s，零序保护整定为1.5A/0.1s。

恢复安全措施：投入602负荷开关的分闸出口连接片，合上602负荷开关的操作电源空气开关，确定保护无动作后，合上602负荷开关的电机电源空气开关。

分析与结论

由过流Ⅰ段逻辑可知，该DTU具备跳闸和发信两种整定方式，发信整定方式如下：602负荷开关的过流Ⅰ段定值按一次值550A/0.05s整定，退出602负荷开关的过流Ⅰ段出口控制字，退出602负荷开关的跳闸出口软连接片，投入602负荷开关的过流Ⅰ段告警控制字；跳闸整定方式如下：602负荷开关的过流Ⅰ段定值按与上一级、下一级断路器保护配合整定，优先保证选择性，投入602负荷开关的过流Ⅰ段出口控制字，投入602负荷开关的跳闸出口软连接片，投入602负荷开关的过流Ⅰ段告警控制字。

莲塘鹏基工业区公用房各间隔均为负荷开关，不具备切断故障电流的能力，因此该DTU必须按发信方式整定。

暴露问题

（1）该DTU未按技术招标规范设计。与DTU匹配的一次设备为负荷开关，负荷开关不具备切断故障电流的能力，DTU不应该具备跳闸逻辑和二次回路，DTU与保护测控装置是不同的品类，应按招标技术要求设计、生产，没有要求的功能，不应随便加入。

（2）定值整定错误。对于负荷开关的DTU应该按照发信整定原则整定，不应按照保护测控装置整定。

整改措施

（1）中标厂商应严格按照技术招标规范要求设计、生产设备，不应附加其他功能和回路。

（2）加大品控力度和检验范围，杜绝设备存在错误逻辑、错误回路入网。

（3）规范配电终端定值整定，应仔细阅读设备说明书，应严格按照相应的厂家、型号、版本的定值清单出具装置级定值单，不应简单按原理级终端定值。

· 10kV 神曲线 F06 站外开关跳闸自愈功能未启动分析 ·

事件概述

2020年5月7日10点45分，220kV某变电站10kV神曲线F06泰宁户外断路器柜602断路器，自愈未启动。

运行方式

故障时，10kV神曲线F06运行方式如图6-16所示，10kV神曲线F06投入自愈功能，泰宁户外断路器柜602断路器为站外分段断路器，保护投入跳闸功能，保护动作且开关跳闸可启动自愈，泰宁户外公用柜位于泰宁户外断路器后段。

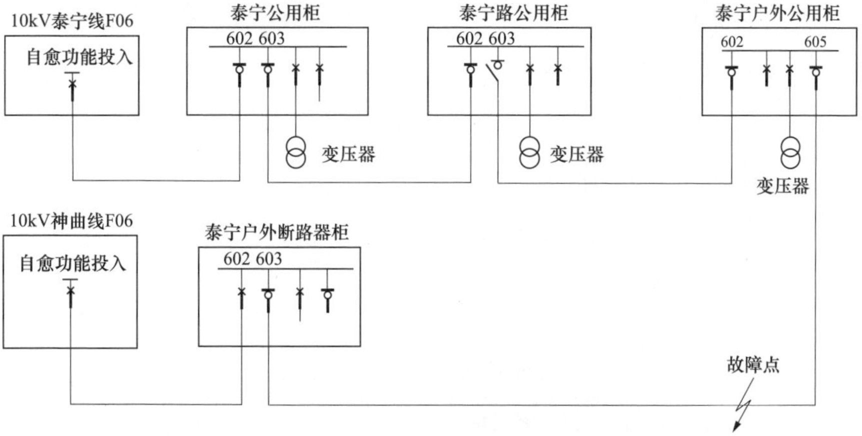

图6-16　10kV神曲线F06故障时运行方式图

设备检查及处理

1. 一次设备检查

泰宁户外断路器柜602断路器跳闸，设备处于无电压状态；泰宁户外公用柜和泰宁户外断路器柜之间的电缆本体故障。

2.二次设备检查

检查终端定值设置情况见表6-6。检查终端动作报告，602断路器过流Ⅰ段动作，故障电流5.01A，动作时间0.23s。

表6-6　　二次设备信息表

设备名称	过流Ⅰ段定值	控制字
泰宁户外断路器柜 602断路器	4.58A/0.2s	过流Ⅰ段告警：投入； 过流Ⅰ段出口：投入

检查配电自动化主站系统数据，故障跳闸后20s内（主站设定时间），主站收到配电终端上送的电流遥测值未降低至3A以下。调取终端报文，查看交流电流遥测数据，显示多条交流电流遥测数据。检查终端遥测设置参数，交流电流死区值为0.002。

3.处理措施

安全措施：断开602断路器操作电源空气开关，退出602断路器分闸出口连接片，断开602断路器电机电源空气开关。

处理：修改死区值，按死区值设定要求，将终端交流电流死区值修改为0.01，并将其他遥测死区值按表6-7修改。修改后，检查OCS系统遥测数据，正常。

表6-7　　配电终端遥测死区参考值

序号	参数名称	参考值	备注
1	交流电流死区	0.01	取值为二次额定电流输入的比值
2	交流电压死区	0.01	取值为二次额定电压输入的比值
3	交流功率死区	0.05	取值为二次额定功率的比值
4	功率因数死区	0.02	取值为额定功率因数的比值
5	遥测上送类别	重要遥测	仅部分品牌终端有该参数

恢复安全措施：合上602断路器操作电源空气开关，投入602断路器分闸出口连接片，合上602断路器电机电源空气开关。

分析与结论

经查，泰宁户外断路器柜终端交流电流遥测死区值设置为0.002，该值小于公司规定值（死区参考值），终端频繁上送遥测数据，造成通信通道堵塞，线路跳闸后，电流遥测值无法及时上送至主站。

10kV神曲线F06泰宁户外断路器柜602断路器跳闸，因交流电流遥测死区值设置过小，终端频繁上送交流电流遥测数据，导致堵塞通信通道，无法及时向主站上送跳闸后电流遥测信息，主站在规定的时间内未收到电流降低至规定值3A以下（主站设定值），不满足断路器跳闸的双重判据，主站判定断路器未跳开，导致自愈未启动。

暴露问题

（1）配电终端厂家繁多，遥测死区值出厂默认值不尽相同，未在调试阶段更改。

（2）在线路投入自愈功能前的准备工作中，未与主站开展遥测值测试。

整改措施

（1）应按要求设置配电终端死区值，避免通道堵塞，提升通道利用率，以满足运行需求。

（2）投入自愈功能前，对参与自愈功能启动的断路器，按遥测死区参考值开展遥测值测试，确保终端采集模拟量正常，上送主站数据正确。

·变电站站内开关和站外分段断路器“同时”跳闸分析·

事件概述

2020年7月4日15时44分，110kV某变电站10kV阳竹线F05站内断路器和站外分段断路器“同时”跳闸。经查，文化公园户外公用柜母排故障。

运行方式

故障时，10kV阳竹线F05运行方式如图6-17所示，湖贝户外公用柜进出线单元均为负荷开关，中兴路户外断路器柜进线单元为负荷开关，出线单元604为断路器，文化公园户外公用柜进出线单元均为负荷开关。

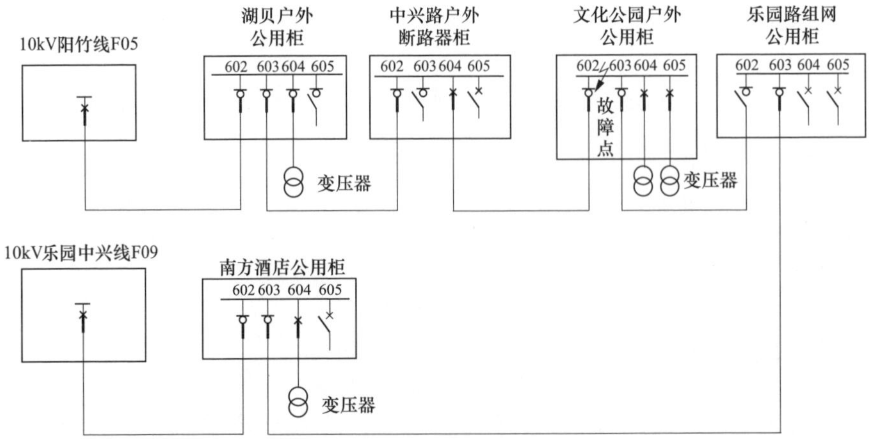

图6-17　10kV阳竹线F05故障时运行方式图

设备检查

1.一次设备检查

经查，文化公园户外公用柜母排短路，环网柜外观烧黑痕迹明显。

中兴路户外断路器柜604断路器跳闸，断路器类型为弹簧操动机构；10kV阳竹线F05站内断路器跳闸，断路器类型为弹簧操动机构。

2.二次设备检查

查看10kV阳竹线F05站内断路器和中兴路户外断路器柜保护定值和动作信息，见表6-8。

表6-8 定值与动作信息表

设备名称	过流Ⅰ段定值	动作元件	故障相别	故障电流	动作时间
站内断路器	2200A/0.3s	过流Ⅰ段	AB	4384A	334ms
中兴路户外断路器柜604断路器	1600A/0.15s	过流Ⅰ段	AB	4380A	188ms

注 为便于分析，故障电流和保护定值均已折算到一次值。

根据《深圳供电局配网保护整定计算原则》，站外10kV分段断路器的过流Ⅰ段与变电站内10kV馈线断路器过流Ⅰ段保护配合整定，配合系数取1.1～1.2，弹簧操动机构分段断路器级差一般大于等于0.15s。10kV阳竹线F05站内断路器过流Ⅰ段与中兴路户外断路器柜604断路器过流Ⅰ段定值，满足选择性配合关系。

3.加量试验

将过流Ⅰ段保护定值设定为0s，对中兴路户外断路器柜604断路器和保护的固有动作时间进行测试，三次试验取平均值，604断路器保护固有动作时间为38.33ms，604断路器固有分闸时间为158.33ms，见表6-9。

表6-9 604断路器分闸时间试验数据

试验	保护+断路器动作时间	保护动作时间	计算断路器动作时间
第一次	200ms	38ms	162ms
第二次	197ms	39ms	158ms

续表

试验	保护＋断路器动作时间	保护动作时间	计算断路器动作时间
第三次	193ms	38ms	155ms
平均值	196.67ms	38.33ms	158.33ms

根据《深圳供电局10kV SF_6全绝缘断路器柜技术规范书》及《深圳供电局10kV固体绝缘断路器柜技术规范书》中技术参数要求，弹簧操动机构的断路器分闸时间不大于50ms，保护动作出口固有时间不大于40ms。从试验数据看，保护固有动作时间满足要求，开关分闸时间已超过招标技术参数要求，见表6-10。

表6-10 招标技术参数

开关合闸时间	弹簧操动机构	≤ 80ms
	永磁机构	≤ 50ms
开关分闸时间	弹簧操动机构	≤ 50ms
	永磁机构	≤ 15ms
保护跳闸出口固有时间		≤ 40ms

10kV阳竹线F05站内断路器与中兴路户外断路器柜604断路器的过流Ⅰ段整定定值的时间级差为150ms，根据试验数据，判定两台开关“同时”跳闸的原因为中兴路户外断路器柜604断路器分闸慢。

分析与结论

经查，保护定值设定满足《深圳供电局配网保护整定计算原则》要求。经试验，中兴路户外断路器柜604断路器存在慢分。

当线路发生故障时，站内断路器和站外断路器同时启动，上下级定值存在0.15s级差，中兴路户外断路器柜604断路器的过流Ⅰ段动作，因断路器慢分，故障电流未及时切断，10kV阳竹线F05站内断路器保护动作，断路器跳闸，切断故障电流，随后中兴路户外断路器柜604断路器跳闸，即出现了变电站站内断路器和站外分段断路器“同时”跳闸。

暴露问题

（1）中兴路户外断路器柜604断路器存在慢分，上下级保护级差按0.15s整定已不满足选择性要求。

（2）翻阅该设备定检报告，未对一次机构分合闸时间进行检测。

（3）翻阅该设备投运前试验报告，仅检验了保护定值（含时间），未检测成套设备（保护+断路器）动作时间或断路器的固有动作时间，断路器分闸测试结果是确定保护时间级差的基础。

整改措施

（1）基于试验数据，增大上下级保护时间级差至0.2s，调整中兴路户外断路器柜604断路器的过流Ⅰ段、过流Ⅱ段和零序时间定值。

（2）设备投运前，交接试验增加“保护动作+断路器分闸”时间检测项目或断路器分闸时间测试。

（3）设备定检增加“断路器分闸”时间检测项目，并做到逢停必检。

（4）对该设备机构进行停电深度保养，提高分闸速度。

·10kV鹏富线F49多级断路器同时跳闸分析·

事件概述

2021年1月6日13时20分，110kV某变电站10kV鹏富线F49佳德美奂1号公用柜605断路器、兆富德7号公用柜605断路器及冰雪世界1号专用柜601断路器同时跳闸，故障点前端冰雪世界1号专用柜603断路器未跳闸。

事件前运行情况

故障时，10kV鹏富线F49运行方式如图6-18所示，该馈线组未投入自愈功能。

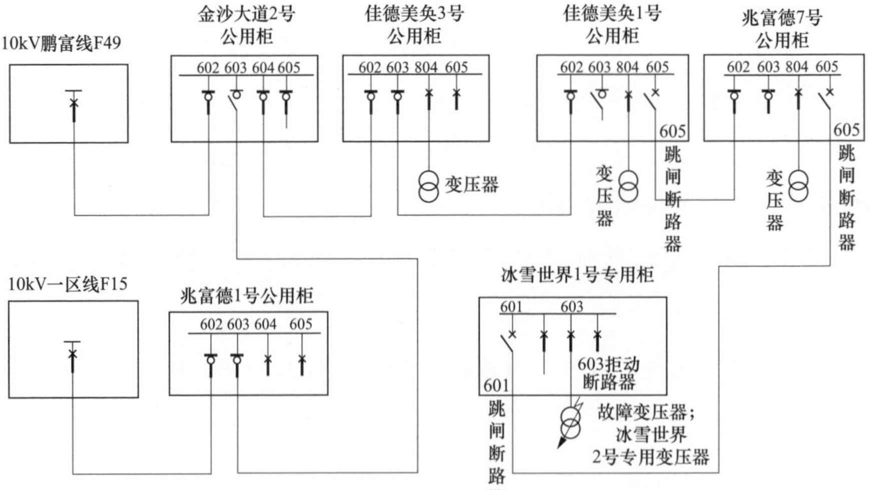

图6-18　10kV鹏富线F49故障时运行方式图

设备检查及处理

1.一次设备检查

经查，10kV鹏富线F49冰雪世界2号专用变压器故障，即冰雪世界1号专用柜603断路器所带的变压器相间短路，有烧黑痕迹，冰雪世界1号专用柜603断路器未跳闸。

佳德美奂1号公用柜605断路器、兆富德7号公用柜605断路器及冰雪世界1号专用柜601断路器、冰雪世界1号专用柜603断路器均为永磁断路器。

2.二次设备检查

现场检查佳德美奂1号公用柜605断路器、兆富德7号公用柜605断路器、冰雪世界1号专用柜601断路器及冰雪世界1号专用柜603断路器保护定值，及动作报告的故障电流，如表6-11所示。

表6-11　　定值与动作信息表

三遥点设备名称	过流Ⅰ段定值	故障电流
佳德美奂1号公用柜605断路器	10.83A/0s	25.21A
兆富德7号公用柜605断路器	10.83A/0s	25.22A
冰雪世界1号专用柜601断路器	10A/0s	25.29A
冰雪世界1号专用柜603断路器	20A/1s	25.32A

由以上保护定值检查可以看出，保护定值失配造成佳德美奂1号公用柜605断路器、兆富德7号公用柜605断路器及冰雪世界1号专用柜601断路器同时跳闸。经查说明书，冰雪世界1号专用柜603断路器定值为出厂默认值，该默认值远大于以上三台断路器保护定值，保护动作前，故障已被前三台断路器切除，冰雪世界1号专用柜603断路器未跳闸。

3.处理措施

按照《深圳供电局配网保护整定计算原则》，重新计算佳德美奂1号公用柜605断路器、兆富德7号公用柜605断路器、冰雪世界1号专用柜601断路器及冰雪世界1号专用柜603断路器定值。

该变电站10kV母线以小电阻（16Ω）接地，站内10kV断路器为弹簧操作机构，站内10kV断路器保护定值为：速断保护定值为2200A/0.3s，过流保护定值为720A/0.9s，零序保护定值为60A/1.0s，该线路最大变压器容量为800kVA。

以上4台站外断路器均为永磁机构，按照《深圳供电局配网保护整定计算原则》，上下级保护定值级差可定为0.1～0.3s。

（1）佳德美奂1号公用柜605断路器（站外第一级）保护整定计算：

速断保护定值计算，按与上一级（站内断路器）速断保护配合，配合系数1.1。躲所供配电变压器低压侧故障时最大短路电流；时间级差取0.1s，经计算，速断保护定值为2000A/0.2s。

过流保护定值计算，按与上一级（站内断路器）过流保护配合，配合系数1.1。按可靠躲变压器最大负荷电流整定，时间级差取0.2s，经计算，过流保护定值为650A/0.7s。

零序保护定值计算，按与上一级（站内断路器）零序保护配合，配合系数1.2，时间级差取0.2s，经计算，零序保护定值为50A/0.8s。

（2）兆富德7号公用柜605断路器（站外第二级）保护整定计算：

整定计算原则同佳德美奂1号公用柜605断路器（站外第一级）保护，经计算，速断保护定值为1818A/0.1s，过流保护定值为590A/0.5s，零序保护定值为41.67A/0.6s。

（3）冰雪世界1号专用柜601断路器（站外第三级）保护整定计算：

整定计算原则同佳德美奂1号公用柜605断路器（站外第一级）保护，经计算，速断保护定值为1652.7A/0s，过流保护定值为

536.36A/0.3s，零序保护定值为34.72A/0.4s。

（4）冰雪世界1号专用柜603断路器（站外第四级）保护整定计算：

速断保护定值按与上一级（站外第三级）速断保护配合，配合系数1.5。按躲配电变压器励磁涌流整定，励磁涌流系数取7，经计算，速断保护定值为323.33A/0s。

过流保护定值按与上一级（站外第三级）过流保护配合，配合系数1.2。按躲配电变压器额定负荷电流整定，可靠系数取2，时间级差取0.1s，经计算，过流保护定值为92.38A/0.2s。

零序保护按与相邻上级断路器零序保护定值配合，配合系数取1.1，躲过冷启动、励磁涌流时产生的不平衡电流，时间级差取0.1s，经计算，零序保护定值为31.6A/0.3s。

相TA变比均为600/5，零序TA变比均为100/5，重新计算定值见表6-12。现场按照重新计算的二次值，对4台保护装置定值重新整定。

表6-12　重新计算定值表

设备名称	速断保护		过流保护		零序保护	
	一次值	二次值	一次值	二次值	一次值	二次值
佳德美奂1号公用柜605断路器	2000A/0.2s	16.67A	650A/0.7s	5.42A	50A/0.8s	2.5A
兆富德7号公用柜605断路器	1818A/0.1s	15.15A	590A/0.5s	4.92A	41.67A/0.6s	2.08A
冰雪世界1号专用柜601断路器	1652.7A/0s	13.78A	536.36A/0.3s	4.47A	34.72A/0.4s	1.74A
冰雪世界1号专用柜603断路器	323.33A/0s	2.70A	92.38A/0.2s	0.77A	31.6A/0.3s	1.58A

分析与结论

经查，发现三台断路器过流Ⅰ段定值失配，导致此次三台断路器同时跳闸；最后一级冰雪世界1号专用柜603断路器定值为出厂默认值，该默认值远大于以上三台断路器保护定值，保护动作前，故障已被前三台断路器切除，冰雪世界1号专用柜603断路器未跳闸。

暴露问题

（1）多级断路器串联供电，保护整定配合困难。

（2）用户设备的整定监管不到位，造成用户故障出门，停电范围扩大，多用户受影响。

整改措施

（1）在规划设计阶段，应避免主干线超过3个断路器，可将有限的资金，分散至更多线路，使投资效益最大化。

（2）多级断路器串联供电，保护整定配合困难解决措施：根据《深圳供电局配网保护整定计算原则》，线路主干线上超过3个断路器时，允许选择性退出部分断路器保护，可根据负荷密度及重要用户两个维度进行选择退出相应的断路器保护，确保其他断路器级差配合，主干线按照不超过3个断路器整定。

线路主干线多级串供时，允许适当牺牲部分选择性，尽量将失配点安排在线路后段，即使发生同时跳闸，停电范围小；时间定值失配的两台断路器保护，电流定值在满足上下级配合的前提下，尽量增大配合系数，可在某些故障下，能够选择性跳闸。

（3）用户设备的整定监管管理不到位，应给定用户定值限额，并在用户设备送电前，审核其定值是否与公用设备定值上下级配合，确保用户故障不出门。

· 柱上断路器终端离线处理分析 ·

事件概述

2020年7月12日14时29分，110kV某变电站10kV奥林线F01站内断路器跳闸，经查，故障点位于奥林断路器（站外第一级智能断路器）后段，奥林断路器未动作，未上送故障信号至主站。

设备检查及处理

（一）一次设备检查

现场检查一次设备运行方式与单线图一致，设备气压正常，外观检查正常。

（二）二次设备检查及处理

现场检查终端装置，装置电源正常，保护正确投入，装置面板告警灯、异常灯未点亮，检查装置SOE事件记录，故障时段无任何记录。设备信息见表6-13。

表6-13 二次设备信息表

设备名称	接地方式	零序定值	TV 变比
奥林开关	小电阻	50A/0.8s	相TV：600/1； 零序电流为装置自产

现场做好相关安全措施后，对终端设备进行加量试验，装置无动作，试验仪加量及装置动作信息如图6-19所示。

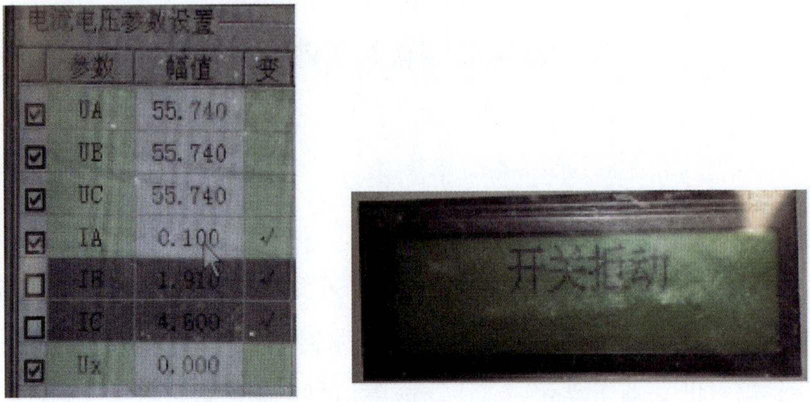

图6-19　试验仪加量及装置动作信息截图

排查装置全部定值，发现“零序基波定值 U_0”整定为“8kV”，装置整定值如图6–20所示。

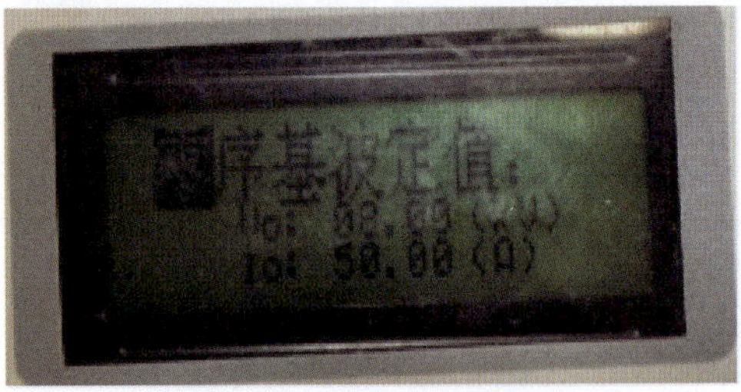

图6-20　装置整定值截图

查阅厂家说明书，零序基波电压定值的含义：零序保护投入“零序基波定值 U_0”，零序保护逻辑须满足此定值条件下，零序保护才启动和动作。

将“零序基波定值 U_0”整定为0V，再加量试验，零序保护动作并出口跳闸，如图6–20所示。

（三）终端掉线分析

梳理该厂家设备清单，开展反措工作，现场对装置重新整定定值，进行加量试验，发现装置重启后，终端与主站信息交互异常，多台终端维护后系统报文可直观反映出相关信息，具体如下：

1.奥林断路器

该设备通信方式为无线加密，截取一段2020年7月22日的报文，装置报文详见图6–21和图6–22。

[Wed Jul 22 00：45：01 2020]发送：1049C18D9716　报文说明：主站握手请求链路
[Wed Jul 22 00：45：04 2020]接收：108BC18DD916　报文说明：装置响应链路完好
[Wed Jul 22 00：45：04 2020]发送：1040C18D8E16　报文说明：主站请求复位
[Wed Jul 22 00：45：07 2020]接收：1080C18DCE16　报文说明：装置确认复位
[Wed Jul 22 00：45：07 2020]接收：10C9C18D1716
[Wed Jul 22 00：45：07 2020]发送：100BC18D5916
[Wed Jul 22 00：45：13 2020]接收：10C0C18D0E16
[Wed Jul 22 00：45：13 2020]发送：1000C18D4E16
[Wed Jul 22 00：45：16 2020]接收（确认)：680C0C6846C18D 46 01 0400C18D 0000 80 AD16
报文说明：初始化结束
[Wed Jul 22 00：45：16 2020]发送（总召)：680C0C6873C1 8D 64 010600C18D 0000 14 8E16
报文说明：主站下发总召唤报文，但装置并未回应
[Wed Jul 22 00：45：21 2020]发送：680C0C6873C1 8D64010600C1 8D0000148E16
报文说明：主站5 s后接着下发总召唤，装置未回应
[Wed Jul 22 00：45：31 2020]接收（确认)：680C0C6846C18D 46 01 0400C18D 0000 80 AD16
报文说明：装置距上次上送初始化结束15 s后，接着上送初始化结束
[Wed Jul 22 00：45：31 2020]发送（总召)：680C0C6873C1 8D 64 010600C18D 0000 14 8E16
报文说明：主站距上次总招10 s后，再次下发总招命令，装置未回应
[Wed Jul 22 00：45：36 2020]发送：680C0C6873C1 8D64010600C1 8D0000148E16
报文说明：主站距上次总招5 s后，再次下发总招命令，装置未回应
[Wed Jul 22 00：45：47 2020]接收（确认)：680C0C6846C18D 46 01 0400C18D 0000 80 AD16
报文说明：装置距上次上送初始化结束16 s后，接着上送初始化结束
[Wed Jul 22 00：45：47 2020]发送（总召)：680C0C6873C1 8D 64 010600C18D 0000 14 8E16
报文说明：主站距上次总招11 s后，再次下发总招命令，装置未回应
[Wed Jul 22 00：45：52 2020]发送：680C0C6873C1 8D64010600C1 8D0000148E16
报文说明：主站距上次总招5 s后，再次下发总招命令，装置未回应
[Wed Jul 22 00：46：03 2020]接收（确认)：680C0C6846C18D 46 01 0400C18D 0000 80 AD16
报文说明：装置距上次上送初始化结束16 s后，接着上送初始化结束
[Wed Jul 22 00：46：03 2020]发送（总召)：680C0C6873C1 8D 64 010600C18D 0000 14 8E16
报文说明：主站距上次总招11 s后，再次下发总招命令，装置未回应
[Wed Jul 22 00：46：08 2020]发送：680C0C6873C1 8D64010600C1 8D0000148E16
报文说明：主站距上次总招5 s后，再次下发总招命令，装置未回应
[Wed Jul 22 00：46：23 2020]发送：680C0C6873C1 8D64010600C1 8D0000148E16
报文说明：主站距上次总招15 s后，再次下发总招命令，装置未回应
[Wed Jul 22 00：46：38 2020]发送：680C0C6873C1 8D64010600C1 8D0000148E16
报文说明：主站距上次总招15 s后，再次下发总招命令，装置未回应
[Wed Jul 22 00：46：43 2020]发送：1049C18D9716　报文说明：主站5s后重新请求链路
[Wed Jul 22 00：46：47 2020]接收：108BC18DD916
[Wed Jul 22 00：46：47 2020]发送：1040C18D8E16
[Wed Jul 22 00：46：50 2020]接收：1080C18DCE16
[Wed Jul 22 00：46：50 2020]接收：10C9C18D1716
[Wed Jul 22 00：46：50 2020]发送：100BC18D5916
[Wed Jul 22 00：46：53 2020]接收：10C0C18D0E16
[Wed Jul 22 00：46：53 2020]发送：1000C18D4E16

图6-21　奥林断路器终端的报文1

图6–21报文可以看出奥林断路器，在链路初始化后并未响应主站总召唤命令，导致该点遥信遥测数据无法上传。在凌晨1时10分左右总召唤响应一次，7月22日0时至18时29分，奥林断路器响应总召唤仅39次，当链路完好时，装置应该响应每一次的总召唤，该点并未做到。

[Wed Jul 22 01：10：07 2020]接收（确认）：680C0C6846C18D 46 01 0400C18D 0000 80 AD16
[Wed Jul 22 01：10：07 2020]发送（总召）：680C0C6873C1 8D 64 010600C18D 0000 14 8E16
[Wed Jul 22 01：10：09 2020]接收：1080C18DCE16
[Wed Jul 22 01：10：09 2020]接收（总召）：680C0C68D3C18D 64 01 0700C18D 0000 14 EF16响应总召唤
[Wed Jul 22 01：10：09 2020]发送：1000C18D4E16
[Wed Jul 22 01：10：11 2020]接收（遥信）：Z1681D1D68F3C18D 01 92 1400C18D 2100 00<32：分> 00<33：分> 00<34：分> 00<35：分> 01<36：合> 00<37：分> 00<38：分> 00<39：分> 00<40：分> 00<41：分> 00<42：分> 00<43：分> 00<44：分> 00<45：分> 00<46：分> 00<47：分> 00<48：分> 00<49：分> 5816

图6-22　奥林断路器终端的报文2

2.观君断路器

该设备通信方式为无线加密，9时47分未重启装置之前，装置运行一切正常，维护人员定值整定重启装置后，装置运行异常。装置报文详见图6–23。

重启装置后观君断路器和奥林断路器发生类似情况，查询系统终端装置在线正常，但遥测数据上送异常，即终端无法实时响应系统总召唤，于9时47分重启后至18时35分，终端装置总召唤仅响应了24次。

3.库信断路器

该设备通信方式为无线非加密，在13时33分未重启装置之前，装置运行一切正常，维护人员定值整定重启装置后，装置运行异常。装置报文详见图6–24。

[Wed Jul 22 09: 46: 54 2020]发送：1000FE8D8B16

[Wed Jul 22 09: 46: 59 2020]接收（遥测）：Z0680E0E68F3FE8D 09 01 0300FE8D 0140C60100<0: 454> 1E16

[Wed Jul 22 09: 46: 59 2020]发送：1000FE8D8B16

[Wed Jul 22 09: 47: 03 2020]接收（遥测）：Z0680E0E68D3FE8D 09 01 0300FE8D 0140460200<0: 582> 7F16

[Wed Jul 22 09: 47: 04 2020]发送：1000FE8D8B16

[Wed Jul 22 09: 47: 09 2020]接收（遥测）：Z068131368F3FE8D 09 02 0300FE8D 0140C60100<0: 454> 0240CF0200<1: 719> 3216

[Wed Jul 22 09: 47: 09 2020]发送：1000FE8D8B16 报文说明：此时一切正常，上送遥测数据

[Wed Jul 22 10: 22: 34 2020]发送：1049FE8DD416 报文说明：主站握手请求链路

[Wed Jul 22 10: 22: 39 2020]发送：1049FE8DD416

[Wed Jul 22 10: 22: 44 2020]发送：1049FE8DD416

[Wed Jul 22 10: 22: 47 2020]接收：108BFE8D1616 报文说明：装置响应链路完好

[Wed Jul 22 10: 22: 47 2020]发送：1040FE8DCB16 报文说明：主站请求复位

[Wed Jul 22 10: 22: 51 2020]接收：1080FE8D0B16 报文说明：装置确认复位

[Wed Jul 22 10: 22: 51 2020]接收：10C9FE8D5416

[Wed Jul 22 10: 22: 52 2020]发送：100BFE8D9616

[Wed Jul 22 10: 22: 56 2020]接收：10C0FE8D4B16

[Wed Jul 22 10: 22: 56 2020]发送：1000FE8D8B16

[Wed Jul 22 10: 23: 00 2020]接收（确认）：680C0C6846FE8D 46 01 0400FE8D 0000 80 2716

报文说明：装置初始化结束

[Wed Jul 22 10: 23: 00 2020]发送（总召）：680C0C6873FE 8D 64 010600FE8D 0000 14 0816

报文说明：主站下发总召唤报文，但装置并未回应

[Wed Jul 22 10: 23: 05 2020]发送：680C0C6873FE 8D64010600FE 8D0000140816

[Wed Jul 22 10: 23: 16 2020]接收（确认）：680C0C6846FE8D 46 01 0400FE8D 0000 80 2716

[Wed Jul 22 10: 23: 16 2020]发送（总召）：680C0C6873FE 8D 64 010600FE8D 0000 14 0816

[Wed Jul 22 10: 23: 21 2020]发送：680C0C6873FE 8D64010600FE 8D0000140816

[Wed Jul 22 10: 23: 29 2020]接收（确认）：680C0C6846FE8D 46 01 0400FE8D 0000 80 2716

[Wed Jul 22 10: 23: 29 2020]发送（总召）：680C0C6873FE 8D 64 010600FE8D 0000 14 0816

[Wed Jul 22 10: 23: 34 2020]发送：680C0C6873FE 8D64010600FE 8D0000140816

[Wed Jul 22 10: 23: 45 2020]接收（确认）：680C0C6846FE8D 46 01 0400FE8D 0000 80 2716

[Wed Jul 22 10: 23: 45 2020]发送（总召）：680C0C6873FE 8D 64 010600FE8D 0000 14 0816

[Wed Jul 22 10: 23: 50 2020]发送：680C0C6873FE 8D64010600FE 8D0000140816

[Wed Jul 22 10: 24: 06 2020]发送：680C0C6873FE 8D64010600FE 8D0000140816

[Wed Jul 22 10: 24: 21 2020]发送：680C0C6873FE 8D64010600FE 8D0000140816

[Wed Jul 22 10: 24: 26 2020]发送：1049FE8DD416

[Wed Jul 22 10: 24: 31 2020]发送：1049FE8DD416

图6-23　观君断路器终端的报文

报文（见图6-24）反馈的情况与上文终端情况相似，终端不响应主站总召唤，22日重启后至18时37分，终端装置未响应过系统总召唤。

[Wed Jul 22 13：39：40 2020]发送：1049C28D9816
[Wed Jul 22 13：39：45 2020]发送：1049C28D9816
[Wed Jul 22 13：39：46 2020]接收：108BC28DDA16
[Wed Jul 22 13：39：46 2020]发送：1040C28D8F16
[Wed Jul 22 13：39：51 2020]发送：1040C28D8F16
[Wed Jul 22 13：39：52 2020]接收：108BC28DDA16
[Wed Jul 22 13：39：52 2020]接收：1080C28DCF16
[Wed Jul 22 13：39：53 2020]接收：10C9C28D1816
[Wed Jul 22 13：39：53 2020]发送：100BC28D5A16
[Wed Jul 22 13：39：59 2020]接收：1080C28DCF16
[Wed Jul 22 13：39：59 2020]接收：10C9C28D1816
[Wed Jul 22 13：39：59 2020]接收：10C0C28D0F16
[Wed Jul 22 13：39：59 2020]发送：1000C28D4F16
[Wed Jul 22 13：40：07 2020]接收（确认）：680C0C6846C28D 46 01 0400C28D 0000 80 AF16
[Wed Jul 22 13：40：07 2020]发送（总召）：680C0C6873C2 8D 64 010600C28D 0000 14 9016
[Wed Jul 22 13：40：12 2020]发送：680C0C6873C2 8D64010600C2 8D0000149016
[Wed Jul 22 13：40：22 2020]接收（确认）：680C0C6846C28D 46 01 0400C28D 0000 80 AF16
[Wed Jul 22 13：40：22 2020]发送（总召）：680C0C6873C2 8D 64 010600C28D 0000 14 9016
[Wed Jul 22 13：40：27 2020]发送：680C0C6873C2 8D64010600C2 8D0000149016
[Wed Jul 22 13：40：37 2020]接收（确认）：680C0C6846C28D 46 01 0400C28D 0000 80 AF16
[Wed Jul 22 13：40：37 2020]发送（总召）：680C0C6873C2 8D 64 010600C28D 0000 14 9016
[Wed Jul 22 13：40：42 2020]发送：680C0C6873C2 8D64010600C2 8D0000149016
[Wed Jul 22 13：40：52 2020]接收（确认）：680C0C6846C28D 46 01 0400C28D 0000 80 AF16
[Wed Jul 22 13：40：52 2020]发送（总召）：680C0C6873C2 8D 64 010600C28D 0000 14 9016
[Wed Jul 22 13：40：57 2020]发送：680C0C6873C2 8D64010600C2 8D0000149016
[Wed Jul 22 13：41：12 2020]发送：680C0C6873C2 8D64010600C2 8D0000149016

图6-24 库信断路器终端的报文

（四）终端版本程序更新

经报文分析，确定终端程序存在问题，更新终端程序及开展加量试验工作，终端上线运行正常，遥测、遥信信息上送正常，详见图6–25装置报文。

分析与结论

（1）因装置内零序基波定值未正确整定，导致奥林断路器后端发生故障时，保护装置无法正确动作。

（2）在排查与整改终端定值期间，主站系统下发总召唤命令后，

[Thu Aug 26 02：24：57 2020]发送：1049FD8DD316-------主站握手请求链路
[Thu Aug 26 02：25：00 2020]接收：108BFD8D1516-------装置响应链路完好
[Thu Aug 26 02：25：00 2020]发送：1040FD8DCA16-------主站请求复位
[Thu Aug 26 02：25：02 2020]接收：1080FD8D0A16------装置确认复位
[Thu Aug 26 02：25：02 2020]接收：10C9FD8D5316
[Thu Aug 26 02：25：02 2020]发送：100BFD8D9516
[Thu Aug 26 02：25：04 2020]接收：10C0FD8D4A16
[Thu Aug 26 02：25：04 2020]发送：1000FD8D8A16
[Thu Aug 26 02：25：06 2020]接收（确认）：680C0C68F3FD8D 46 01 0400FD8D 0000 80 D216
报文说明：装置发送初始化结束信号
[Thu Aug 26 02：25：06 2020]发送：1000FD8D8A16 报文说明：主站确认
[Thu Aug 26 02：25：07 2020]发送（总召）：680C0C6873FD 8D 64 010600FD8D 0000 14 0616
报文说明：主站发送总召唤
[Thu Aug 26 02：25：10 2020]接收：1080FD8D0A16 报文说明：装置确认
[Thu Aug 26 02：25：10 2020]接收（总召）：680C0C68D3FD8D 64 01 0700FD8D 0000 14 6716
报文说明：装置响应总召唤
[Thu Aug 26 02：25：10 2020]发送：1000FD8D8A16 报文说明：主站确认
[Thu Aug 26 02：25：12 2020]接收（遥信）：Z1681D1D68F3FD8D 01 92 1400FD8D 2100 00<32：分> 00<33：分> 00<34：分> 00<35：分> 01<36：合> 00<37：分> 00<38：分> 00<39：分> 00<40：分> 00<41：分> 00<42：分> 00<43：分> 00<44：分> 00<45：分> 00<46：分> 00<47：分> 00<48：分> 00<49：分>
报文说明：装置上送遥信信号
[Thu Aug 26 02：25：12 2020]发送：1000FD8D8A16 报文说明：主站确认
[Thu Aug 26 02：25：23 2020]接收（遥信）：Z1680D0D68D3FD8D 03 82 1400FD8D 0100 02<0：合> 00<1：错> 8316报文说明：装置上送遥信，柱上断路器为合位
[Thu Aug 26 02：25：23 2020]发送：1000FD8D8A16 报文说明：主站确认
[Thu Aug 26 02：25：34 2020]接收（遥测）：Z0683B3B68F3FD8D 09 90 1400FD8D 0140 1B2A00<0：10779> 0E2B00<1：11022> 000000<2：0> 000000<3：0> 2C0100<4：300> 3C0100<5：316> 030000<6：3> A10200<7：673> C10000<8：193> 600000<9：96> 000000<10：0> 000000<11：0> 000000<12：0> 000000<13：0> 000000<14：0> 000000<15：0> A416 报文说明：装置上送遥测信号
[Thu Aug 26 02：25：34 2020]发送：1000FD8D8A16 报文说明：主站确认
[Thu Aug 26 02：25：37 2020]接收（总召）：680C0C68D3FD8D 64 01 0A00FD8D 0000 14 6A16
报文说明：总召唤结束

图6-25　版本更新后装置报文

该厂家配电终端（含加密和非加密）均不响应总召唤，终端无法上送遥信、遥测信息，经报文分析，确定为终端程序问题，厂家升级后，终端上线正常。

暴露问题

（1）整定计算人员未详细了解设备说明书，未掌握终端相关技术参数、功能及原理；只出原理级定值，未按照要求出装置级定值，为

设备运行埋下隐患。

（2）品控不严，品控项目不全，特别是终端在线稳定性测试缺失。

整改措施

（1）规范配电终端定值整定，应仔细阅读设备说明书，应严格按照相应的厂家、型号、版本的定值清单出具装置级定值单。

（2）试点“仓调”，对配电终端进行在线率稳定性测试。

第三节　二次元器件

·竹坑二区4号公用柜603断路器遥控合闸失败分析·

事件概述

2021年7月14日，在“晨操”过程中，调度遥控合竹坑二区4号公用柜603断路器，失败。现场人员在保护测控柜电动合603断路器，操作失败，使用操作杆合603断路器，操作成功。

设备检查

1. 一次设备检查

“晨操”前，对竹坑二区4号公用柜一次设备检查，无异常；保护测控柜断路器位置指示灯与一次设备状态一致，断路器弹簧储能完毕，气压正常。

2. 二次设备检查

“晨操”前，对二次设备进行检查，保护测控装置“异常”灯未点亮，分合闸指示灯与断路器状态一致，“远方/就地”把手位置在“远方”，分合闸出口连接片投入，保护测控装置中与遥控相关的定值，如“遥控软连接片”等均投入，二次接线无松动。交换机的“通信”灯闪烁，终端设备在线，终端与主站间通信正常，如图6-26所示。

	终端名称	终端类型	终端品牌	运行模式	在线状态	对时状态	在线率	离线时长	统计时长	投退次数	通信方式	开关类型
1	竹坑二区2#公用柜终端	DTU	深宝电器	正常	在线	未对时	100.00%	0毫秒	7天0小时0分0秒	0/0	光纤非加密	三遥
2	竹坑二区1#智能公用柜终端	断路器	南瑞继保	正常	在线	未对时	100.00%	0毫秒	7天0小时0分0秒	0/0	光纤非加密	三遥
3	竹坑二区5#智能公用柜终端	断路器柜	南瑞继保	正常	在线	未对时	100.00%	0毫秒	7天0小时0分0秒	0/0	光纤非加密	三遥
4	竹坑二区3#智能公用柜终端	断路器	南瑞继保	正常	在线	未对时	100.00%	0毫秒	7天0小时0分0秒	0/0	光纤非加密	三遥
5	竹坑二区4#公用柜终端	DTU	深宝电器	正常	在线	未对时	100.00%	0毫秒	7天0小时0分0秒	0/0	光纤非加密	三遥

图6-26　在线状态统计

故障排查

（一）主站事件报文检查

主站事件报文如图6–27所示，系统发出遥控合闸指令2次，终端接收并执行操作指令2次，主站均未收到断路器的遥信变位，判定遥控合603断路器，失败。

[Wed Jul 14 11:42:46 2021]发送(遥控): Z5680EB40122F1 2E 01 06002F8A 026000 82<预置:1遥控合>	主站	2021/7/14 11:42:45 遥控执行合成功	
[Wed Jul 14 11:42:48 2021]发送: 6804010022F1			
[Wed Jul 14 11:42:49 2021]接收(遥控): Z5680E22F1B601 2E 01 07002F8A 026000 82	DTU		
[Wed Jul 14 11:42:52 2021]发送(遥控): Z5680EB60124F1 2E 01 06002F8A 026000 02<执行:1遥控合>	主站	2021/7/14 11:43:16 控合失败	
[Wed Jul 14 11:42:56 2021]发送: 6804010024F1			
[Wed Jul 14 11:42:59 2021]接收(遥控): Z5680E24F1B801 2E 01 07002F8A 026000 02	DTU		无遥信变位上送
[Wed Jul 14 11:42:59 2021]接收(遥控): Z5680E26F1B801 2E 01 0A002F8A 026000 02	DTU		
[Wed Jul 14 11:43:00 2021]发送(遥控): Z5680EB80128F1 2E 01 06002F8A 026000 82<预置:1遥控合>	主站	2021/7/14 11:42:58 遥控执行合成功	
[Wed Jul 14 11:43:05 2021]接收(遥控): Z5680E28F1BA01 2E 01 07002F8A 026000 82	DTU		
[Wed Jul 14 11:43:06 2021]发送(遥控): Z5680EBA012AF1 2E 01 06002F8A 026000 02<执行:1遥控合>	主站	2021/7/14 11:43:32 控合失败	
[Wed Jul 14 11:43:08 2021]接收(遥控): Z5680E2AF1BC01 2E 01 07002F8A 026000 02	DTU		无遥信变位上送
[Wed Jul 14 11:43:08 2021]接收(遥控): Z5680E2CF1BC01 2E 01 0A002F8A 026000 02	DTU		

图6-27　主站事件报文

（二）二次控制回路排查

1.现场操作

现场将“远方/就地”把手置“就地”位置，在保护测控柜按603断路器合闸按钮，合闸失败。遥控输出回路如图6–28所示，图中SA是“远方/就地”把手，YA是预控按钮，内部电子开关3KH是603断路器遥控合闸触点，3HA是603断路器合闸按钮，3KH是603断路器合闸继电器。遥控合闸和就地合闸均不成功，可判断故障应在两回路的公共部分。

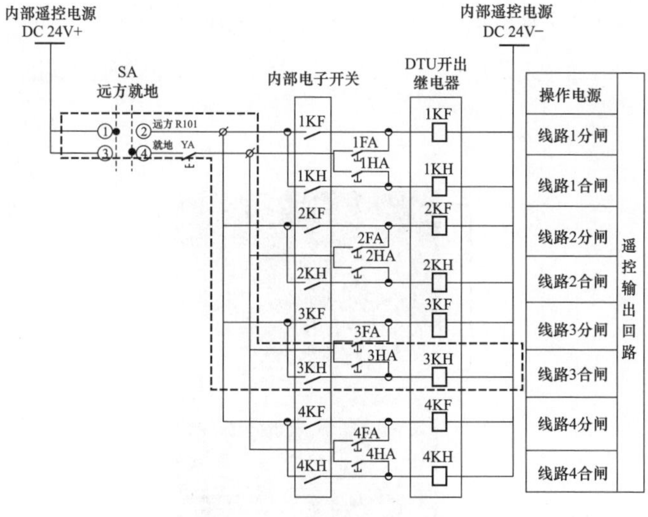

图6-28　遥控输出回路

2.排查合闸公共回路

603断路器合闸回路公共部分见图6-29，3KH-2是合闸接触器触

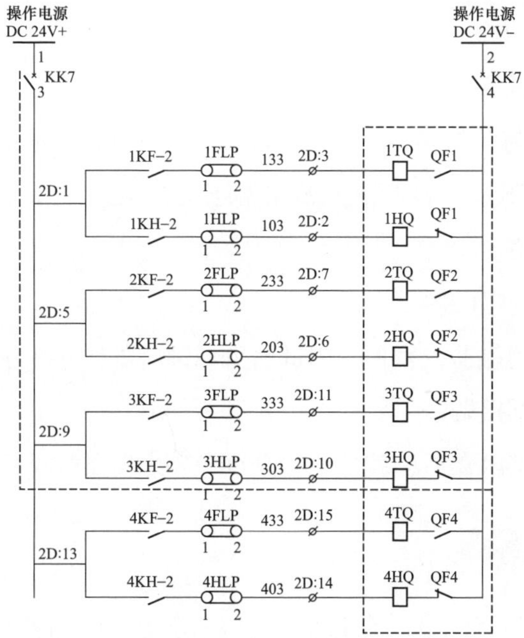

图6-29　遥控和就地控制回路公共部分

点，3HLP是合闸出口连接片。3HQ为合闸接触器实物如图6–30所示，合闸接触器布置在二次小室内，接触器上方是命令输入端，下方是命令输出端。

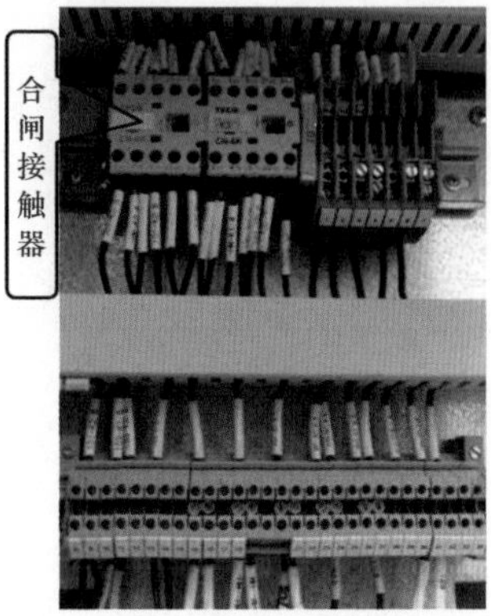

图6-30　二次小室布局图

合闸路径：正电—KK7—2D：9—3KH–2—3HLP—2D：10—3HQ—QF3—KK7—负电。

同时按下预控、合闸按钮，用万用表测量合闸接触器上方合闸输入端子2D：9与公共负端子，显示直流24V；同时按下预控、合闸按钮，用万用表测量接触器下方输出端子与公共负端子，显示直流0V，表明接触器故障。

3.排查合闸接触器

拆下合闸接触器，发现其内部严重锈蚀，如图6–31所示。

4.更换合闸接触器

更换合闸接触器后，就地电动合603断路器成功。

分析与结论

调度遥合和就地电动合竹坑二区4号公用柜603断路器，均失败；

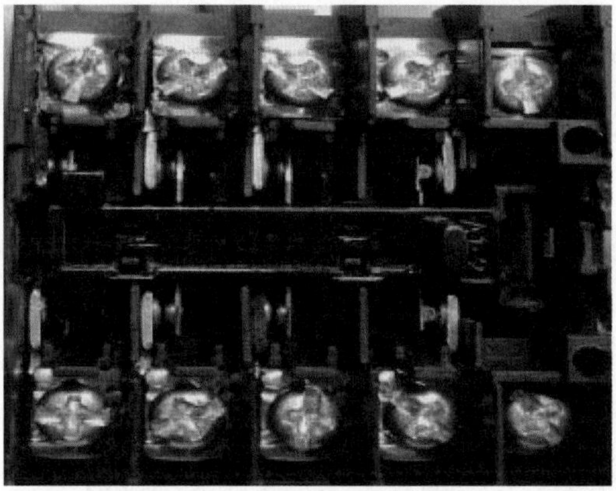

图6-31 合闸接触器内部锈蚀

使用操作杆在机构侧操作合闸成功。使用操作杆合闸成功，排除操动机构问题。根据配电自动化主站事件报文，配电自动化终端与主站收发命令正常，排除通信问题。经二次回路排查，故障原因为603断路器合闸接触器锈蚀。

暴露问题

运行环境潮湿，合闸接触器防护等级低，易受潮锈蚀。

整改措施

（1）日常巡视特别检查该厂家该型号的合闸接触器，发现问题及时整改。

（2）招标技术要求明确元器件的防护等级，目前配电自动化设备招标技术要求对元器件没有明确的防护等级要求，应该根据运行环境，提出明确的防护等级要求。

（3）在二次小室内加装冷凝除湿器，提升元器件的运行环境。

· TV交流空气开关损坏导致故障定位失败分析 ·

事件概述

2021年5月17日15时20分，110kV某变电站10kV浩环线F08站内断路器跳闸，重合不成功。调度实施快速复电，主站系统收到浩环1号智能柜（三遥点）故障信号，未收到龙岭南路2号智能柜故障信号，判定故障点在以上两设备之间电缆，遥控分浩环1号智能柜（三遥点）603负荷开关，成功；遥控分龙岭南路2号智能柜602负荷开关，失败。经查，故障点在龙岭南路2号智能柜604断路器后段，龙岭南路2号智能柜604断路器保护未动作。

运行方式

故障时，10kV浩环线F08运行方式如图6-32所示，该线路带全线负荷。

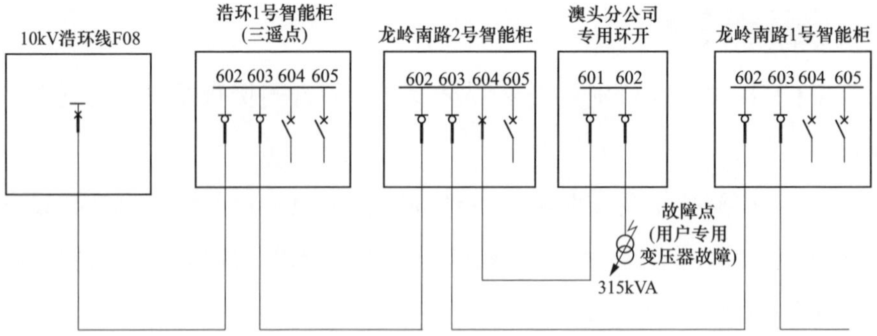

图6-32　10kV浩环线F08故障时运行方式

设备检查及处理

（一）一次设备检查

经查，故障点为龙岭南路2号智能柜604断路器后段用户专用变压器，如图6-32所示。

现场使用操作杆分合龙岭南路2号智能柜602负荷开关、604断路器，均成功，一次设备无异常。

（二）二次设备检查及处理

1.保护装置

现场检查，保护测控装置所有指示灯均不亮，装置失电。

2.电源回路检查

经测量，龙岭南路2号智能柜TV柜二次小室内，交流电源空气开关ZK1上端电压为20V，下端电压为230V，如图6-33、图6-34所示。交流电源空气开关ZK1下端接线引自TV二次绕组（AC 220V），上端接线引至二次小室内端子排。

图6-33 交流空气开关上端电压测量值

图6-34 交流空气开关下端电压测量值

如图6-35所示，将以上测量结果与交流电源回路对比，交流电源空气开关上端为电源回路ZK1（TV）2和4，测量电压为20V；下端为电源回路ZK1（TV）1和3，测量电压为230V，可判定交流空气开关损坏。

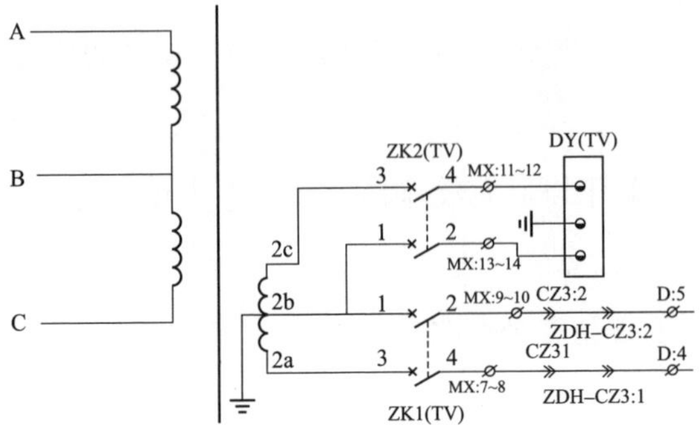

图6-35　交流电源回路图

3.处理措施

将TV开关停运，更换损坏的交流空气开关ZK1（TV），更换后，将TV开关转运行，测量空气开关两端电压均为AC 230V，保护测控装置及终端各元器件运行正常，电源管理模块“充电”灯点亮。

4.检查保护定值

查看龙岭南路2号智能柜604断路器保护定值、控制字和软连接片，将二次值折算至一次值，如表6-14所示，龙岭南路2号智能柜604断路器保护定值与上一级变电站站内F08断路器定值满足上下级配合关系，定值无误。

表6-14　　站内外断路器保护定值信息表

设备名称	装置定值（一次值）	控制字	软连接片
10kV 浩环线 F08 站内断路器	过流Ⅰ段：2200A，0.3s； 过流Ⅱ段：720A，0.9s； 零序过流：60A，1.0s	跳闸：投入	出口跳闸：投入

续表

设备名称	装置定值（一次值）	控制字	软连接片
龙岭南路2号智能柜604断路器	过流Ⅰ段：1500A，0.1s； 过流Ⅱ段：550A，0.6s； 零序过流：35A，0.7s	跳闸：投入	出口跳闸：投入

分析与结论

如图6-36所示，龙岭南路2号智能柜交流电源空气开关ZK1损坏，电源管理模块（DY）无交流输入，配电终端（含保护测控装置）由备用电源（蓄电池）供电，蓄电池电量有限，蓄电池持续消耗，当电压降低至断电电压时，蓄电池停止对终端供电，终端离线，保护测控装置失电。当故障发生时，保护测控装置因无电源，不能动作，主站故障定位失败，使隔离故障失败。

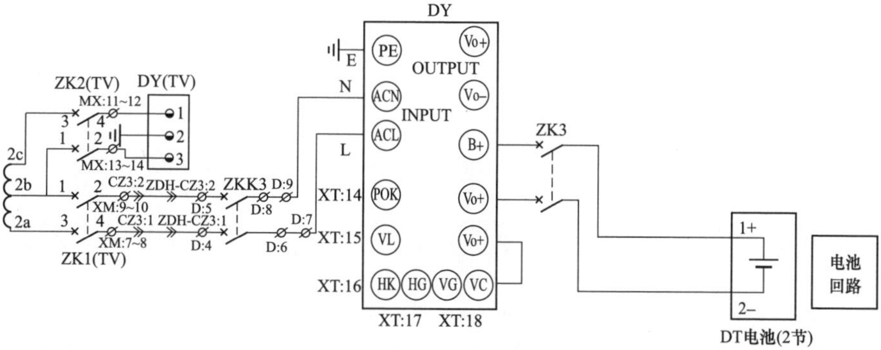

图6-36　装置电源回路图

暴露问题

（1）该设备为新投运，厂家配置的空气开关存在质量问题。

（2）该设备为新投运，送电后未能及时上线投运，无法使用系统监视发现终端异常。

整改措施

（1）针对该柜厂家设备，开展空气开关抽查，特别是同一批购置的空气开关，如批次性问题，应该制定反措计划并尽快实施。

（2）新装自动化设备，应在送电后即可满足在线要求，使用系统定期查询，该终端在送电后连续7天在线率达97%以上，并不应该有异常信号，送电验收才算通过，之后移交运维部。不满足以上要求，建设部门负责消缺，直到满足以上要求。

·10kV 坑尾二线 F06 快速复电失败的分析·

事件概述

2021年6月1日11时12分，110kV某变电站10kV坑尾二线F06大坑1号智能柜605断路器跳闸。同时，主站收到大坑1号智能柜602负荷开关和605断路器零序告警信号；调度遥控分大坑1号智能柜602负荷开关，失败，快速复电失败。经查，大坑1号智能柜与金正龙公用环开之间电缆故障。

运行方式

故障时，10kV坑尾二线F06运行方式如图6-37所示，线路主干线共有1个三遥终端，即大坑1号智能柜，该柜的602、603为负荷开关，604、605为断路器。

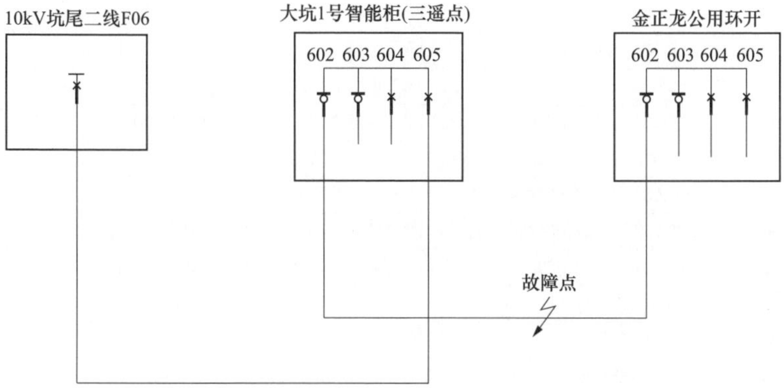

图6-37　10kV坑尾二线F06故障时运行方式图

事故过程

6月1日11时12分，大坑1号智能柜605断路器跳闸。主站系统收到大坑1号智能柜的602负荷开关和605断路器零序告警信号，未收到线路其他主干节点故障信号，调度根据运行方式判断故障位于大坑1号智能柜602负荷开关后端。

6月1日11时17分，系统显示大坑1号智能柜离线。

6月1日11时20分，调度遥控分大坑1号智能柜602负荷开关，系统显示大坑1号智能柜工况退出，遥控分闸失败。

设备检查及处理

1.主站系统查询

断路器跳闸后，查询配电自动化主站系统，11时12分大坑1号智能柜605断路器分闸，11时17分大坑1号智能柜终端离线，如图6–38所示。

2021-06-01 11:11:58.002 锦龙站 F06坑尾二线 大坑1号智能柜 7022222290647002/零序动作 复归
2021-06-01 11:11:58.001 锦龙站 F06坑尾二线 大坑1号智能柜 7022222290647002/零序动作 动作
2021-06-01 11:11:59.001 锦龙站 F06坑尾二线 大坑1号智能柜 7022222290647002/零序动作 动作
2021-06-01 11:12:00.001 锦龙站 F06坑尾二线 大坑1号智能柜 7022222290647005/零序过流 动作
2021-06-01 11:12:00.002 锦龙站 F06坑尾二线 大坑1号智能柜 7022222290647005/零序过流 复归
2021-06-01 11:12:00.003 锦龙站 F06坑尾二线 大坑1号智能柜 5 分闸
2021-06-01 11:12:05.002 锦龙站 F06坑尾二线 大坑1号智能柜 大坑1号智能柜/交流失电 动作
2021-06-01 11:12:05.001 锦龙站 F06坑尾二线 大坑1号智能柜 7022222290647002/零序动作 复归
2021-06-01 11:14:04 锦龙站 F06坑尾二线 大坑1号智能柜 5站外跳闸事故（FA已定位）
2021-06-01 11:16:56 大坑1号智能柜终端 大坑1号智能柜终端-未命名通道（dot=0）控分 ctrl_type=1
2021-06-01 11:17:23 大坑1号智能柜终端 大坑1号智能柜终端-未命名通道（dot=0）控分 ctrl_type=1
2021-06-01 11:17:28 大坑1号智能柜终端 大坑1号智能柜终端-未命名通道（dot=0）控分 ctrl_type=1
2021-06-01 11:17:55 大坑1号智能柜终端 大坑1号智能柜终端-未命名通道 通道 退出 （前置机：dfes4: B报警）
2021-06-01 11:17:58 大坑1号智能柜终端 退出 （前置机dfes4: B报警）

图6-38 主站系统soe截图

2.二次设备检查及处理

现场发现，保护测控装置已失电，蓄电池接线柱有漏液现象，如图6-39所示，测量蓄电池电压为DC 18.55V，如图6-40所示，蓄电池电量不足。

现场更换蓄电池，调度遥控分、合大坑1号智能柜602负荷开关，遥控均成功。

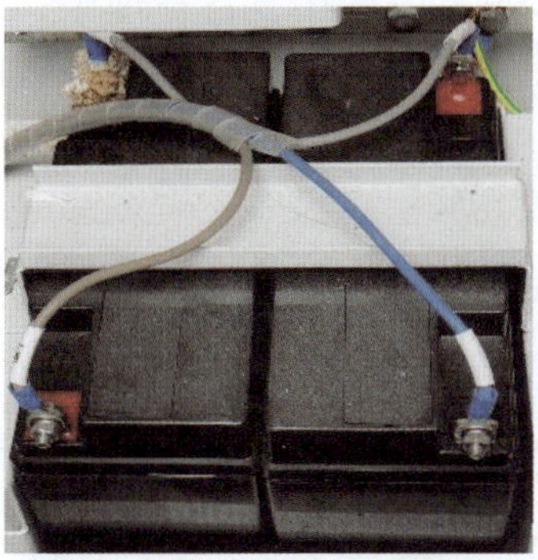

图6-39 蓄电池巡外观图

图6-40 蓄电池电压截图

分析与结论

大坑1号智能柜605断路器保护动作正确，断路器跳闸正确；大坑1号智能柜602负荷开关、605断路器发出告警信号正确，主站正常收到以上信号，调度判断故障位置正确；调度快速复电失败原因为：蓄电池损坏，仅支撑终端正常运行5min，电量不足，导致设备离线，遥控失败，快速复电失败。

暴露问题

（1）巡视缺陷判定不准确。经查，2021年4月巡视记录，已发现该电池存在轻微漏液，结论为“关注”，非“更换”。未对蓄电池的重要性引起足够重视。

（2）自动活化功能未投入，靠人员到场巡视，效率低，发现缺陷的及时性低。

整改措施

（1）蓄电池虽是后备电源，在线路发生故障时的保护动作、跳闸以及自愈和快速复电均依靠蓄电池，它在配电自动化发挥成效上起到关键作用，在现场维护中应给予足够的重视；在设备管理中，应建立完整的蓄电池管理台账，包括参数、厂家、生产日期、投运日期、运行环境、运行状态等，根据以上情况，差异化安排蓄电池的巡视及更换周期。

（2）投入终端的自动活化功能，或开通远方活化功能，将活化过程信号及其他相关信号上送至主站系统，运行人员可通过系统巡检蓄电池，提高效率，提升发现缺陷的及时性，有助于配电自动化成效的发挥。

·培森大厦综合房DTU遥控失败分析·

概述

2020年8月4日15时11分，10kV东门金融线F11站内断路器跳闸，调度快速复电过程中，遥控分培森大厦综合房602断路器，失败，快速复电失败。

设备检查及处理

1.系统在线检查

经OCS系统查询，故障前，培森大厦综合房DTU在线运行，运行情况如图6-41所示。故障后，该终端立刻离线。

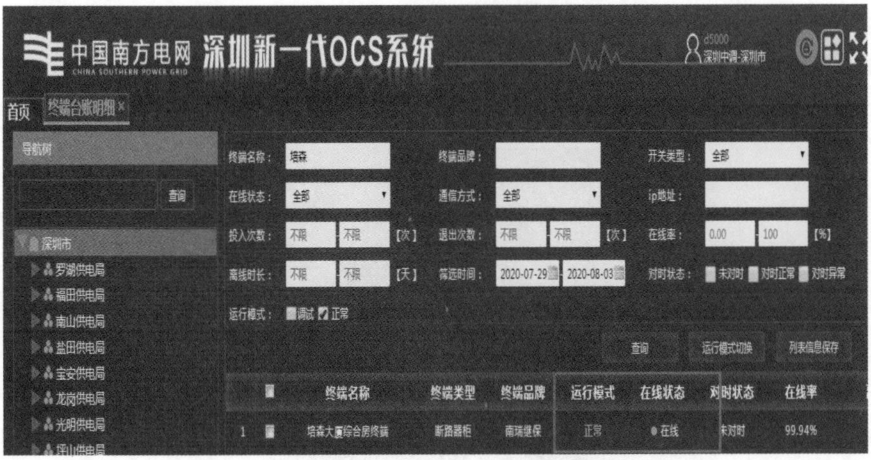

图6-41 培森大厦综合房DTU在线率查询截图

2.光纤环检查

经查通信光纤拓扑系统，光纤环为阳光1环27段，其中培森大厦综合房交换机及其他交换机均离线，东门综合房交换机在线，如图6-42所示。图中，虚线表示未建设投运，空心表示交换机离线，实心表示交换机在线。

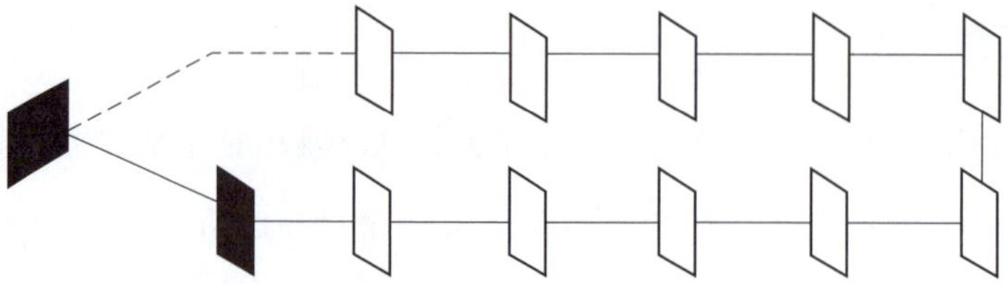

图6-42　阳光1环27段中断图

3.一、二次设备检查

经查，培森大厦综合房断路器组合柜运行正常、接线正确、柜体无锈蚀、异响等，一次设备运行正常。

保护测控装置运行正常，控制回路二次接线正确、紧固，交流电源、通信电源、操作电源等空气开关均在合闸位置，“远方/就地”把手在远方位置，终端安防模块“异常”灯点亮，光纤环交换机失电；

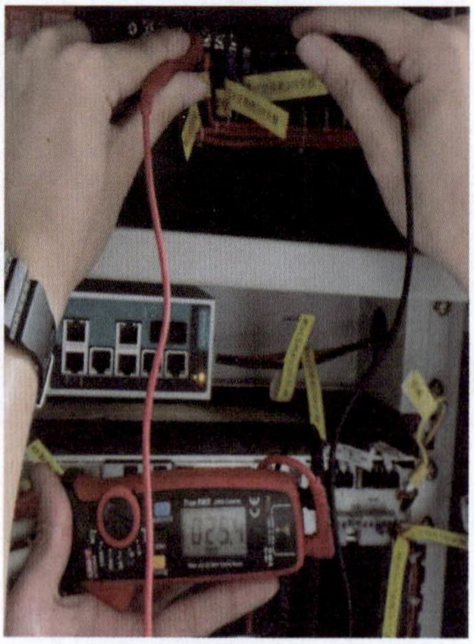

图6-43　电源管理模块输入电压

经测量，通信柜中的电源管理模块输入端电压为DC 25V，如图6–43所示，输出端电压为0V，如图6–44所示。判断蓄电池正常，电源管理模块故障。

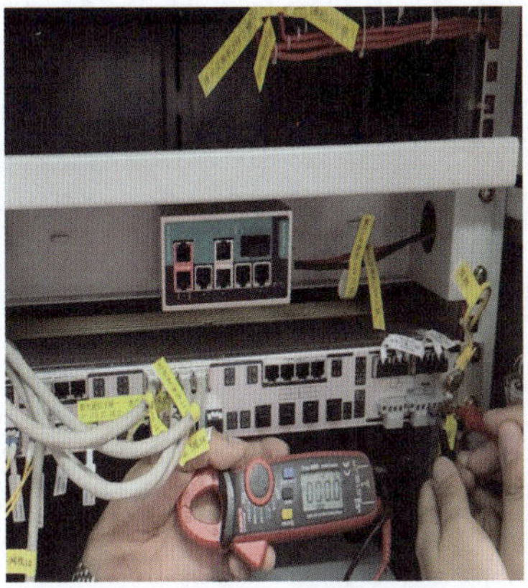

图6-44 电源管理模块输出电压

4.处理措施

安全措施：断开交换机电源管理模块空气开关，断开蓄电池空气开关。

处理方式：更换损坏的电源管理模块。

解除安全措施：合上交换机电源管理模块空气开关，合上蓄电池空气开关。

验证：交换机正常运行、终端安防模块“异常”灯熄灭，查巡OCS系统，培森大厦综合房恢复上线，查巡通信光纤拓扑系统，离线的8台交换机恢复上线。

分析与结论

通过OCS系统和通信光纤拓扑系统查询，判定培森大厦综合房交换机离线。现场检测交换机电源管理模块输出端电压为0V，判断交换机电源管理模块损坏。

正常运行时，该交换机由AC 220V供电。线路跳闸后，交流消失，交换机电源切换至蓄电池供电，供电路径为蓄电池—电源管理模块—交换机，电源管理模块该功能失效，不能输出DC 24V，交换机失电，导致培森大厦综合房配电终端离线，遥控失败，快速复电失败。

暴露问题

具备三遥功能的终端，在保护测控柜或DTU柜中均配置电源管理模块和蓄电池，在通信柜中配置电源管理模块和蓄电池，资源浪费，维护量增大，且电源管理模块的蓄电池供电功能和路径缺陷较隐蔽，不易被发现。

整改措施

（1）取消通信柜电源管理模块和蓄电池，交换机电源须引自保护测控柜直流24V通信电源。

（2）严格按照巡视表单要求进行有效巡视，特别是蓄电池供电方式的检查。

·终端"远方/就地"把手位置与系统不对应分析·

事件概述

2021年6月7日，配电自动化主站系统（OCS系统）巡检发现，华景园组网公用柜DTU"远方/就地"位于就地位置，现场检查该把手在远方位置，系统和现场位置不一致。

设备检查与处理

1. 设备检查

（1）现场检查，"远方/就地"把手位于远方位置，把手接线正确且牢固。

（2）检查把手的远方、就地接点，正常通断，不存在粘死情况。

（3）将把手置就地位置，再置远方，查看报文，发现报文中信息体地址为002D，而DTU信息点表"远方/就地"信息体地址为0025，如图6-45所示，DTU柜信息点表与报文中的信息体地址不同。

DTU柜遥信信息点表

编号	描述	端子号	二次回路号	信号名称	线路走向	信息体地址	遥信序号	出厂调试	本地调试	主站联调
65	装置故障			装置故障		0021	33			
66	交流失电			交流失电		0022	34			
67	电池欠压			电池欠压		0023	35			
68	电池活化			电池活化		0024	36			
69	远方就地			就地/远方		0025	37			
70	柜门开启			柜门打开		0026	38			

图6-45　DTU信息点表图

查看断路器信息点表，"远方/就地"信息体地址为002D，如图6-46所示。

断路器保测装置遥信信息点表										
编号	描述	端子号	二次回路号	信号名称	线路走向	信息体地址	遥信序号	出厂调试	本地调试	主站联调
75	3号断路器			603开关终端装置故障		002B	43			
76				603开关终端电容欠压		002C	44			
77				603开关终端远方/就地		002D	45			
78				603开关终端保护投退		002E	46			
79				603开关终端检修		002F	47			
80				603开关速断动作		0030	48			
81				603开关过流动作		0031	49			
82				603开关零序过流动作		0032	50			
83				603开关重合闸动作		0033	51			

图6-46 断路器保护信息点表绑点图

2. 处理措施

按DTU信息点表对华景组网公用柜进行重新制作正确信息点表，现场与主站重新绑点与测试，确认DTU“远方/就地”把手现场与OCS系统一致。

分析与结论

OCS系统与现场把手位置不对应，可能的原因有：把手接线错误、节点虚接、粘死、绑点错误情况，现场逐一排查，发现现场设备为DTU，错误地采用断路器保护信息点表与主站进行绑点，未采用DTU信息点表进行绑点，导致华景园组网公用柜DTU“远方/就地”把手现场与OCS系统位置不对应。

暴露问题

（1）调试未正确使用终端信息点表。在制作DTU绑点信息点表时，未认真核对点表的正确性，误将断路器保护的信息点表用于DTU绑点。

（2）现场终端与主站联调流于形式，未按正确表单标准化作业。调试人员在现场与主站联调信息时，为节省时间，未按照表单标准要求对DTU进行绑点测试。

整改措施

（1）严格按照终端类型制作信息点表。制作终端信息点表时，应提前与厂家确认安装终端类型、型号，确定需使用的信息点表，并按照终端类型实际需要的点位信息地址进行绑点。

（2）规范联调作业流程，对每个遥测、遥信、遥控正反逻辑逐一校验。

·10kV 嶂背线 F08 快速复电失败的分析·

事件概述

2021年5月10日20时33分，110kV某变电站10kV嶂背线F08向嶂三遥柜605断路器跳闸。主站收到向嶂三遥柜602负荷开关零序保护告警信号、605断路器零序保护告警和事故分闸信号；调度判断故障位于向嶂三遥柜605断路器与宁佳置业丁三遥柜602负荷开关之间，遥控分宁佳置业丁三遥柜602负荷开关，失败；遥控分宁佳置业丁三遥柜603负荷开关，失败，故障隔离失败，快速复电失败。

运行方式

故障时，10kV嶂背线F08运行方式如图6-47所示，10kV嶂背线F08与10kV薇利线F53组成单环网，联络开关为宁佳置业三遥柜603负

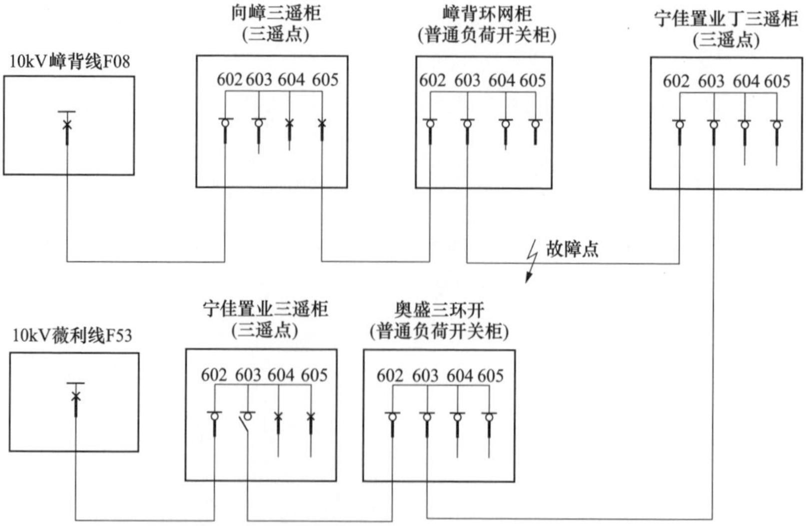

图6-47 10kV嶂背线F08故障时运行方式图

荷开关，10kV嶂背线F08主干线共有两个三遥设备，分别是向嶂三遥柜和宁佳置业丁三遥柜。

设备检查及处理

（一）配电自动化信号核查情况

经查，嶂背环网柜603负荷开关出线电缆单相接地故障。向嶂三遥柜605断路器跳闸时，向嶂三遥柜、宁佳置业丁三遥柜、宁佳置业三遥柜均正常在线。向嶂三遥柜602负荷开关上送主站零序告警信号；向嶂三遥柜605断路器上送零序告警信号及事故分闸信号；其余配电终端均未上送信号。综合判断，配电终端信号上送正确，调度故障定位正确。

（二）遥控操作失败原因排查

在系统检查调度遥控操作记录，宁佳置业丁三遥柜602负荷开关和宁佳置业丁三遥柜603负荷开关分闸遥控预置成功，遥控分闸失败，如图6-48所示。

191	2021-05-10 20:44:18 F08 嶂背线 宁佳置业丁三遥柜 602 遥控执行分 (直接) pwts5
192	2021-05-10 20:44:33 F08 嶂背线 宁佳置业丁三遥柜 602 控分失败 pwts5
193	2021-05-10 20:44:46 F08 嶂背线 宁佳置业丁三遥柜 602 遥控执行分 (直接) pwts5
194	2021-05-10 20:44:49 F08 嶂背线 宁佳置业丁三遥柜 602 控分失败 pwts5
195	2021-05-10 20:44:56 F08 嶂背线 宁佳置业丁三遥柜 603 遥控执行分 (直接) pwts5
196	2021-05-10 20:45:05 F08 嶂背线 宁佳置业丁三遥柜 603 控分失败 pwts5
197	2021-05-10 20:45:16 F08 嶂背线 宁佳置业丁三遥柜 603 遥控执行分 (直接) pwts5
198	2021-05-10 20:45:20 F08 嶂背线 宁佳置业丁三遥柜 603 控分失败 pwts5

图6-48　宁佳置业丁三遥柜遥控操作记录图

1.遥控点表及遥控记录检查

对宁佳置业丁三遥柜遥控点表绑点情况检查，确认遥控绑点正确。遥控点表如图6-49所示。

2.现场检查情况

现场检查宁佳置业丁三遥柜DTU，操作电源空气开关处于分

宁佳置业丁三遥柜遥控表						
编号	端子号	二次回路号	信号名称	线路走向	信息体地址	遥控序号
1	2D1	R101	公共端		6001	1
2	2D2	103	602负荷开关 遥控合闸			
3	2D3	133	602负荷开关 遥控分闸			
4	2D5	R101	公共端		6002	2
5	2D6	203	603负荷开关 遥控合闸			
6	2D7	233	603负荷开关 遥控分闸			
7	2D9	R101	公共端		6003	3
8	2D10	303	604负荷开关 遥控合闸			
9	2D11	333	604负荷开关 遥控分闸			
10	2D13	R101	公共端		6004	4
11	2D14	403	605负荷开关 遥控合闸			
12	2D15	433	605负荷开关 遥控分闸			

图6-49 宁佳置业丁三遥柜遥控点表绑点图

位，如图6-50所示；DTU的操作电源空气开关处于分位，603负荷开关的分闸出口连接片和合闸出口连接片均处于退出状态，如图6-50所示；603负荷开关一次柜二次小室操作电源空气开关处于分位，如图6-51所示；操作回路失电导致遥控失败，原理如图6-52所示。

合上DTU和603负荷开关一次小室操作电源空气开关，投入603负荷开关分闸出口连接片和合闸出口连接片，在DTU柜电动分合宁佳置业丁三遥柜602负荷开关和603负荷开关，成功，联系调度遥控操作，成功。

（三）设备维护及巡视记录核查情况

查询系统，最近一次巡视宁佳置业丁三遥柜发生在2020年11月20日，DTU及一次柜二次小室各空气开关、“远方/就地”把手、连接片等均在正确位置，设备巡视正常。

最近一次消缺记录发生在2021年1月15日，宁佳置业丁三遥柜603负荷开关双位置遥信错误，现场在不停电消缺时，断开DTU操作电源，

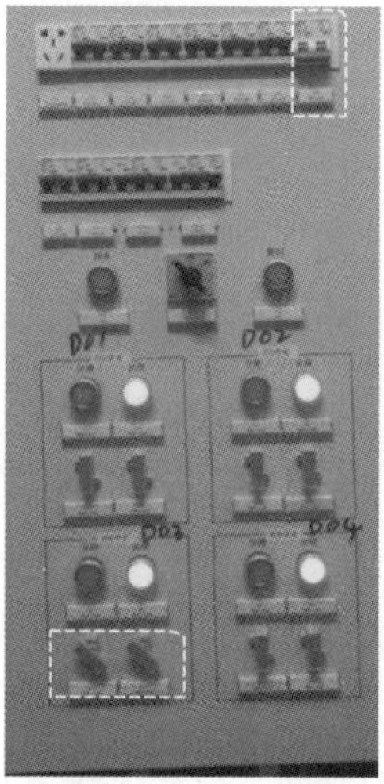

图6-50　DTU柜门照片

图6-51　二次小室图

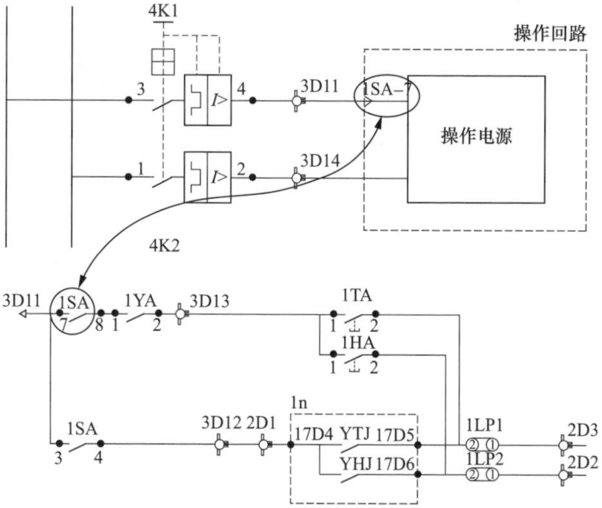

图6-52　DTU控制回路图

断开603负荷开关二次小室操作电源，退出了603负荷开关分合闸出口连接片，缺陷处理结束后，未恢复以上安全措施。

分析与结论

维护人员在对宁佳置业丁三遥柜维护结束后，未恢复安全措施，

DTU柜操作电源空气开关处于分位，603负荷开关操作电源空气开关分位使操作回路失电，分合闸出口连接片退出，造成遥控宁佳置业丁三遥柜602、603负荷开关，失败。

暴露问题

（1）配电终端消缺开第二种工作票，票面未提及安全措施。

（2）现场工作前的安全措施，在工作后未恢复。

整改措施

规范不停电消缺工作，配电自动化消缺的第二种工作票应该填写安全措施，消缺完毕后应及时恢复安全措施。

·10kV黄阁坑线F22自愈功能未启动·

事件概述

2020年12月1日10点18分，110kV某变电站10kV黄阁坑线F22怡锋一三遥柜605断路器跳闸，该馈线组自愈功能未启动，调度快速复电成功。

运行方式

故障时，10kV黄阁坑线F22运行方式如图6-53所示，该线路主干线路上共5个三遥终端，联络线路为110kV某站10kV华美一线F59，联络开关为新秀新村三遥柜603负荷开关，该馈线组已投入自愈功能。

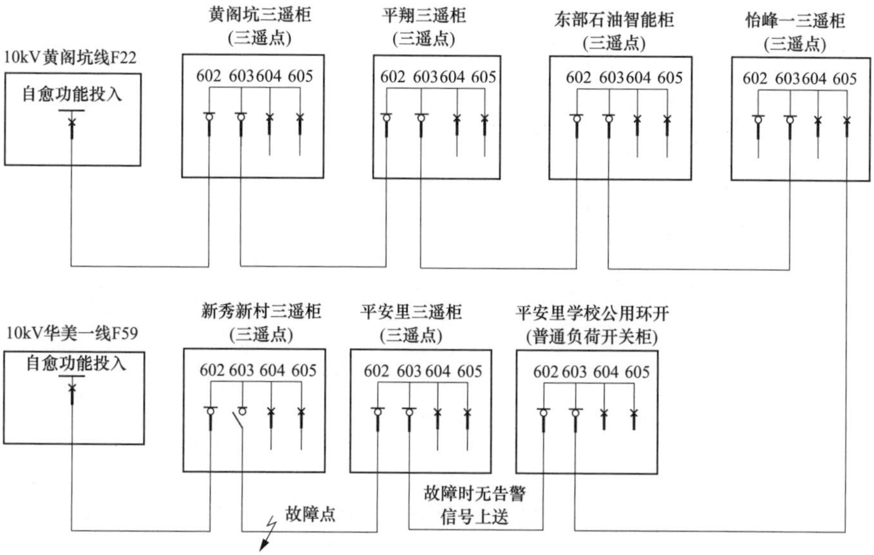

图6-53　10kV黄阁坑线F22故障时运行方式图

一、二次检查及处理

1.信号查询与分析

经查OCS系统，在故障发生时，10kV黄阁坑线F22主干线的5台配电终端均在线，在线率为100%。

主站收到黄阁坑三遥柜602、603负荷开关，平翔三遥柜602、603负荷开关，东部石油智能柜602、603负荷开关，怡锋一三遥柜603负荷开关、605断路器，平安里三遥柜602负荷开关发出的零序告警信号，怡锋一三遥柜605断路器发事故分闸信号。具体见表6-15。

表6-15　10kV黄阁坑线F22配电终端故障信号统计表

配电终端	故障信号	开关动作	信号正确性
黄阁坑三遥柜602负荷开关	有	无	是
黄阁坑三遥柜603负荷开关	有	无	是
平翔三遥柜602负荷开关	有	无	是
平翔三遥柜603负荷开关	有	无	是
东部石油智能柜602负荷开关	有	无	是
东部石油智能柜603负荷开关	有	无	是
怡锋一三遥柜603负荷开关	有	无	是
怡锋一三遥柜605断路器	有	有	是
平安里三遥柜602负荷开关	有	无	是
平安里三遥柜603负荷开关	无	无	否

经查，怡锋一三遥柜605断路器跳闸后，A、C相遥测电流值未及时变零，如图6-54所示。

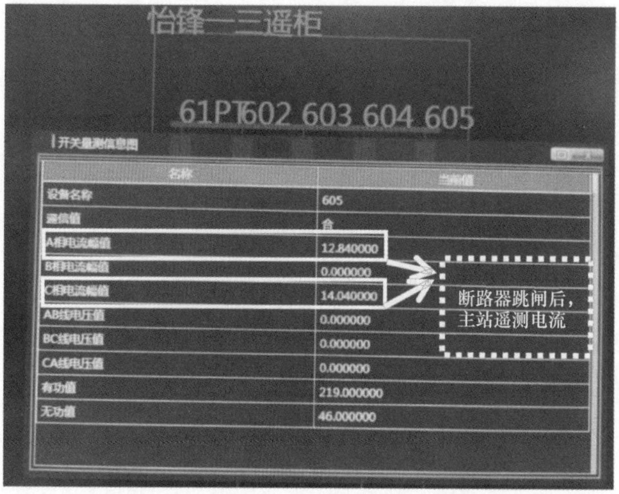

图6-54　怡峰一三遥柜605断路器遥测

2.平安里三遥柜603负荷开关未发信号排查

查603负荷开关保护测控装置告警记录，无告警记录；检查定值，零序告警定值为1.5A/0.1s，设置正确，控制字正确投入。

进行零序采样和保护告警逻辑试验，用试验仪分别加入1、1.425、1.575A的电流，回路监测电流、保护测控装置采样、主站遥测值见表6-16。

表6-16　　平安里三遥柜603负荷开关保护告警数据表

监测点	第一次			第二次			第三次		
	电流值	本地告警	主站告警	电流值	本地告警	主站告警	电流值	本地告警	主站告警
试验仪	1A	无	无	1.425A	无	无	1.575A	有	有
回路监测	0.998A			1.424A			1.574A		
装置采样	0.997A			1.424A			1.574A		
主站遥测	0.998A			1.424A			1.573A		

检查603负荷开关零序TA安装方式，发现零序TA接地线安装不正确，如图6-55所示。

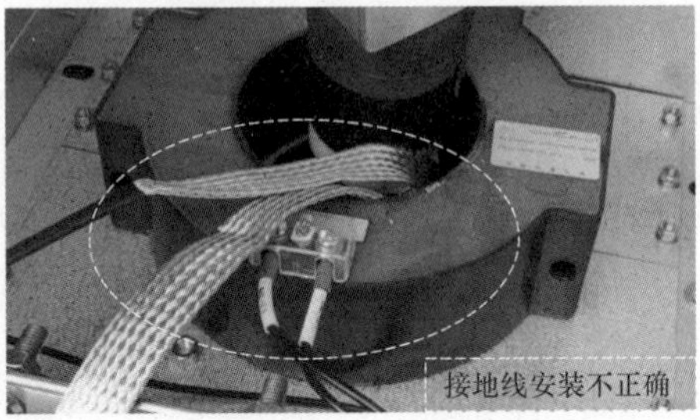

图6-55　平安里三遥柜603负荷开关零序TA安装图

一次升流试验校验零序TA变比，通入一次电流10A，装置二次显示为0.5A；测试变比与标称变比相符，零序TA本体正常，如图6-56所示。

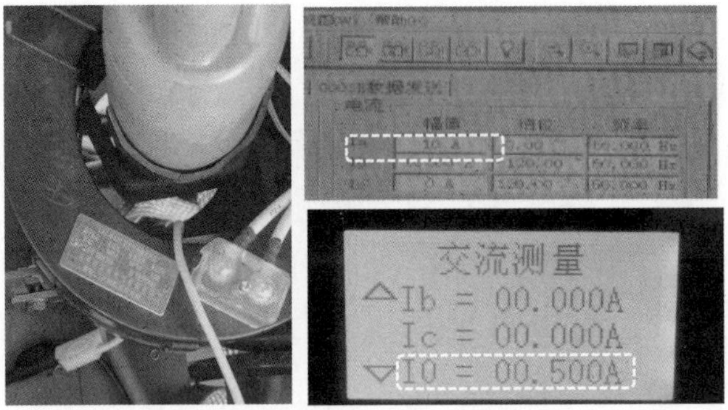

图6-56　零序TA变比试验图

从试验数据可得出结论：平安里三遥柜保护测控装置采样、保护告警逻辑均正常，603负荷开关零序TA变比正确；由此可判定平安里三遥柜603负荷开关未发信号的原因为电缆的屏蔽线安装错误。

3.怡锋一三遥柜605断路器遥测未及时归零检查

用试验仪分别对A、B、C相加入0.1、0.2、0.3A电流，查看保护测控装置本地测量、主站遥测值的变化情况，发现保护测控装置本地测量采样误差在规定范围内，主站遥测量为零。

检查遥测点表，发现遥测变化比设定值为100/1000，如图6–57所示，二次额定电流为5A，即二次电流变化幅度大于等于0.5A时（一次电流0.5A×600/5=60A），装置才会上送遥测电流。

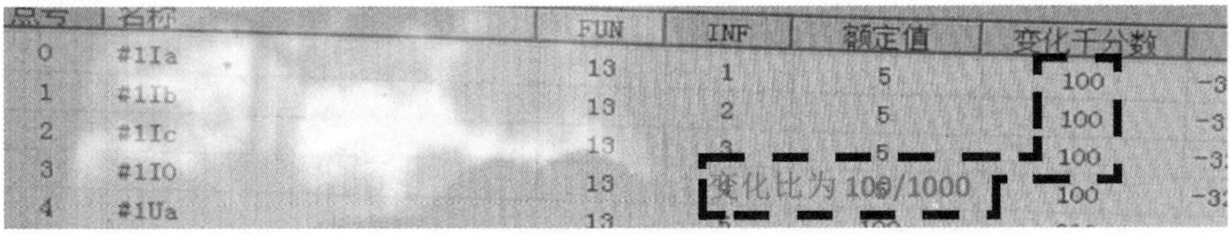

图6-57　怡峰一三遥柜605断路器电流遥测死区设置图

断路器跳闸时该线路运行方式见图6–53，怡锋一三遥柜605断路器后端共计4台变压器，如图6–58所示，总容量为1180kVA，一次额定电流为68.13A，实际运行负荷仅为40～50A，断路器跳闸后，变化量小于设定值60A，装置上送遥测电流，主站维持原遥测值。

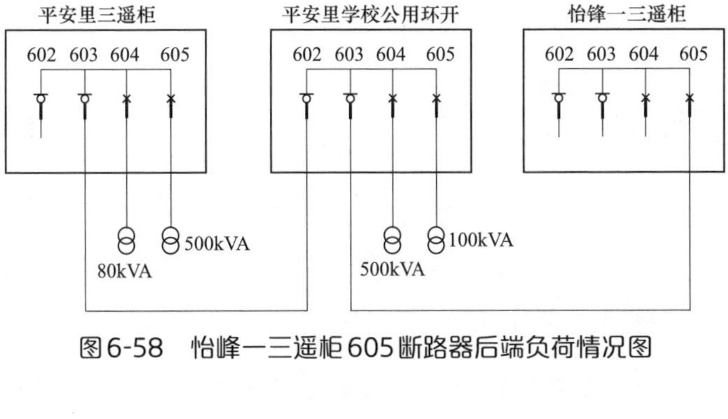

图6-58　怡峰一三遥柜605断路器后端负荷情况图

将怡锋一三遥柜605断路器遥测变化比设定值改为20/1000，如图6–59所示。

点号	名称	FUN	INF	额定值	变化千分数
0	#3Ia	13	1	5	20
1	#3Ib	13	2	5	20
2	#3Ic	13	3	5	20
3	#3I0	13	4	5	20
4	#3Ua	13	5	100	200
5	#3Ub	13	6	100	200
6	#3Uc	13	7	100	200
7	#3Uab	13	8	100	200
8	#3Ubc	13	9	100	200

变 化 比 改 为

图6-59　怡峰一三遥柜605断路器电流遥测死区改后图

遥测变化试验：用试验仪分别对A、B、C相加入0.1、0.2、0.3A电流，查看保护测控装置本地测量、主站遥测值的变化情况，发现保护测控装置本地测量值及主站遥测值均在误差范围内，且主站遥测量均及时变化。

从试验数据可得出结论：怡锋一三遥柜605断路器保护测控装置采样正常，该断路器后端负荷较小，遥测变化比过大，当电流在瞬时变化较小时，实时遥测值不会上送主站，因此该断路器在跳闸后，主站遥测电流值未及时变为零，导致自愈未启动。

分析与结论

（1）按照GB 50168—2018《电气装置安装工程　电缆线路施工及验收标准》中7.2.8电力电缆金属护层接地线未随电缆芯穿过互感器时，接地线应直接接地；随电缆芯穿过互感器时，接地线应穿回互感器后接地。平安里三遥柜603负荷开关电缆屏蔽线安装错误，导致在线路故障时，终端漏发零序告警信号。

（2）怡锋一三遥柜605断路器后段负荷小，装置遥测死区值设定过大，导致该断路器跳闸后，主站遥测量未及时归零，致使自愈未启动。

暴露问题

（1）电缆屏蔽线安装错误，未按要求正确安装，影响配电终端采样，未发零序告警信号。

（2）装置遥测死区值设置不合理，全网同一个值，未按实际负荷设置。

整改措施

（1）送电前，严格执行验收作业表单，确保验收项目齐全、设备合格。

（2）梳理自愈线路中已投自愈断路器，核查断路器后端负荷情况，按照实际负荷设定遥测死区值。

·和兴花园三遥柜 604 断路器拒动分析·

事件概述

2021年4月30日09时08分，110kV某变电站10kV区医院线F55区医院三遥柜605断路器跳闸。经查，故障点位于和兴花园三遥柜604断路器后段，和兴花园三遥柜604断路器拒动。

运行方式

故障时，10kV区医院线F55运行方式如图6-60所示。

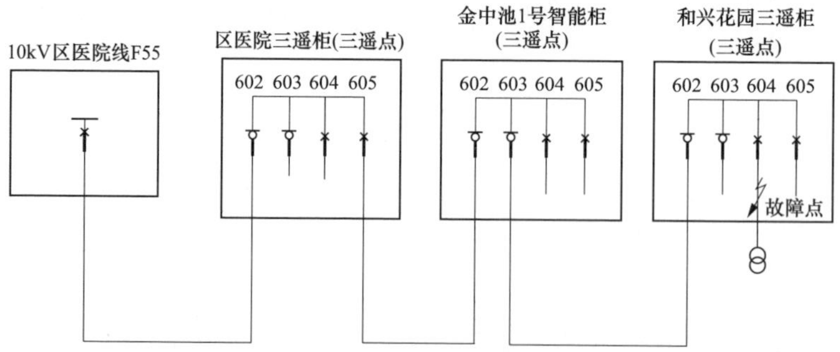

图6-60　10kV区医院线F55故障时运行方式图

设备检查及处理

（一）一次设备检查

现场检查和兴花园三遥柜604断路器、电缆头、TA均无异常，气压在正常范围内，一次设备正常。经查，和兴花园三遥柜604断路器后段变压器高压柱头AB相短路，故障位置如图6-60所示。

（二）二次设备检查

1.保护定值检查

检查保护定值、连接片及指示灯，结果见表6–17，区医院三遥柜605断路器和兴花园三遥柜604断路器保护满足上下级选择性要求，保护功能均正常投入。

表6–17　　二次设备信息表

设备名称	装置定值（二次值）	装置定值（一次值）	分闸出口连接片	指示灯
区医院三遥柜605断路器	过流Ⅰ段：16.67A/0.2s； 过流Ⅱ段：5.5A/0.7s； 零序Ⅰ段：2.5A/0.8s	过流Ⅰ段：2000A/0.2s； 过流Ⅱ段：660A/0.7s； 零序Ⅰ段：50A/0.8s	投入	过流Ⅰ段灯亮
和兴花园三遥柜604断路器	过流Ⅰ段：10A/0s； 过流Ⅱ段：2.5A/0.3s； 零序Ⅰ段：1.5A/0.3s	过流Ⅰ段：1200A/0s； 过流Ⅱ段：300A/0.3s； 零序Ⅰ段：30A/0.3s	投入	过流Ⅰ段灯亮

2.动作元件检查

检查保护动作记录及一次断路器分合闸状态，检查结果见表6–18，区医院三遥柜605断路器保护动作，断路器跳闸，满足可靠性要求；和兴花园三遥柜604断路器保护正确动作，断路器拒动。

表6–18　　保护动作信息表

断路器名称	故障相电流（一次/二次）	故障相别	动作元件	动作时间	保护	断路器
区医院三遥柜605断路器	2040.4A/17.00A	AB	过流Ⅰ段	200ms	动作	跳闸
和兴花园三遥柜604断路器	2042A/17.02A	AB	过流Ⅰ段	0ms	动作	未动作

3.二次回路及元器件检查

对和兴花园三遥柜604断路器保护测控装置控制回路进行检查，如图6-61所示。

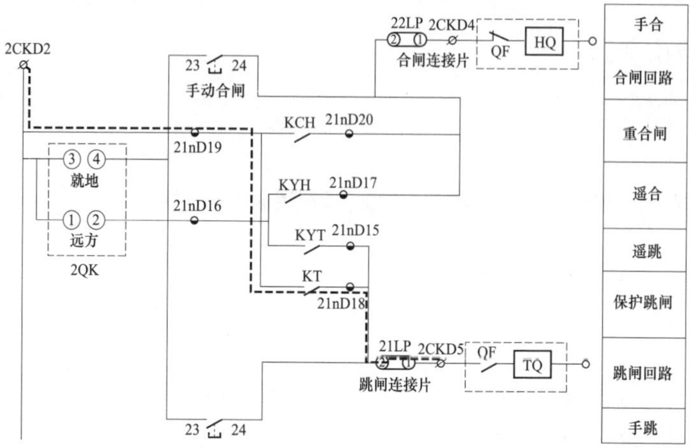

图6-61　和兴花园三遥柜604断路器控制回路

对和兴花园三遥柜604断路器进行继电保护试验，施加电流量位置在相TA的二次绕组抽头，试验数据见表6-19，过流Ⅰ段保护动作，断路器未跳闸；再次试验量取2CKD5端子对-24V的直流电压，在保护动作期间，电压显示值由0V变化为24V。

表6-19　　继电保护试验数据表

项目	装置定值	试验加量值	装置动作值
过流Ⅰ段	10A/0s	10.5A/0.24s	10.48A/0s

对和兴花园三遥柜604断路器一次柜二次小室内回路及元器件进行检查，永磁驱动模块的电源和断路器分合闸状态指示灯均不亮，如图6-62所示；用万用表测量永磁驱动模块的电源端子直流电压，显示24V，说明永磁驱动模块的供电电源正常，永磁驱动损坏。更换了永磁

驱动模块后，对和兴花园三遥柜604断路器进行传动试验，保护动作，断路器跳闸。

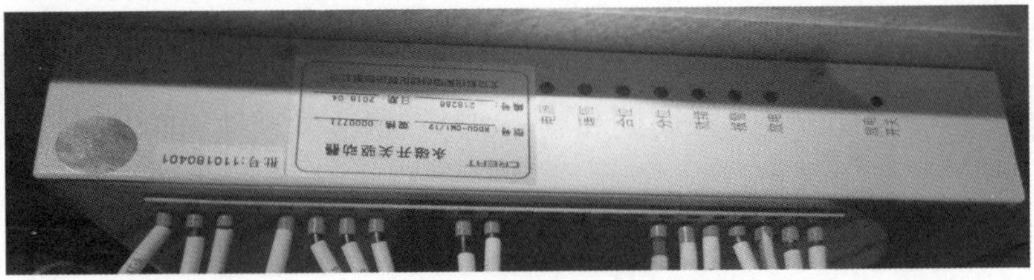

图6-62　604断路器永磁驱动模块

分析与结论

经过定值和动作报告检查，和兴花园三遥柜604断路器与区医院三遥柜605断路器定值设置、级差配合，保护控制字及连接片设置均正确，在线路故障时，和兴花园三遥柜604断路器保护正确动作，可判断保护测控装置正常。

保护跳闸出口命令传输路径：正电2CKD2–21nD19–KT–21nD18–21LP②—21LP①–2CKD5，如图6–61虚线标识，通过试验，在保护动作时，KT触点会由分位变为合位，2CKD5端子对–24V的直流电压会由0V变为24V，由此判断保护测控装置保护跳闸回路正常。

在元器件检查中，永磁驱动模块电源电压输入正常，永磁驱动模块电源灯和断路器分合闸状态指示灯不亮，判定永磁驱动模块损坏，导致和兴花园三遥柜604断路器拒动。

暴露问题

本次事件中的永磁驱动模块缺陷，不能通过OCS系统巡检发现，靠人工赴现场周期性巡视，不能及时发现缺陷与处理，影响配电自动化实用化成效。

整改措施

开展设备差异化运维，根据设备的功能、运行年限、运行环境等情况，综合制定设备巡视周期和晨操策略，提高发现缺陷的及时性。

·10kV水贝线F14快速复电失败分析·

事件概述

2021年5月31日19时50分，110kV某变电站10kV水贝线F14新龙4号K01智能断路器跳闸，调度遥分银滩7号公用柜603负荷开关，成功，故障隔离成功，遥合鹏飞路18号公用柜602负荷开关，失败，快速复电失败。

运行方式

故障时，10kV水贝线F14运行方式如图6-63所示，该馈线组未投入自愈功能，银滩7号公用柜和鹏飞路18号公用柜均具备三遥功能，新龙4号K01智能断路器具备二遥功能，三遥布点占比66.7%，网架结构和通信方式满足快速复电条件。

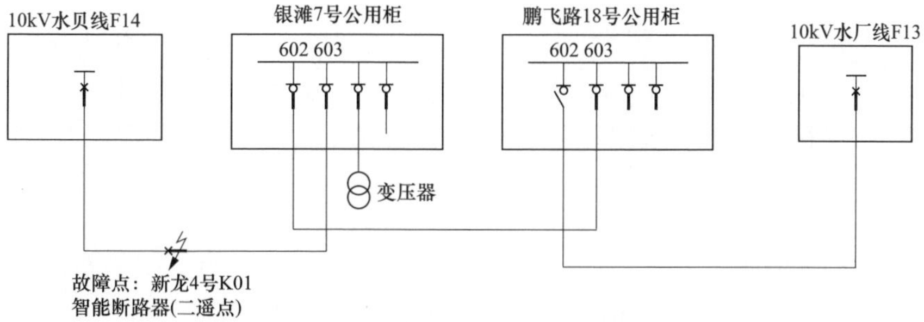

图6-63　10kV水贝线F14故障时运行方式图

设备检查及处理

1.一次设备检查

经查，新龙4号K01智能断路器绝缘子有雷击痕迹，表面呈黑色，避雷器引下线断裂，断裂处有雷击痕迹。

2.二次设备检查

新龙4号K01智能断路器定值检查如下：速断保护定值为15.83A/0.2s；过流保护定值为5.42A/0.7s；零序保护定值为2.5A/0.8s；查看动作报告，零序故障电流为6.8A，动作时间为0.86s，保护动作正确。

3.自动化遥控失败检查与分析

现场检查鹏飞路18号公用柜602负荷开关，二次设备信息如表6-20所示，一次柜“远方/就地”把手在就地位置，DTU柜“远方/就地”把手在远方位置，控制电源空气开关和电机电源空气开关均在合闸位置，分合闸出口连接片正确投入，且接线无虚接情况，DTU装置无告警、控制回路断线等异常信号，分合闸指示灯与负荷开关实际位置相同。

初步确定：开关柜上的“远方/就地”把手置就地时，遥控回路电源被断开，无法执行遥控命令。

表6-20　　二次设备信息检查表

设备名称	空气开关	出口连接片	“远方/就地”把手
鹏飞路18号公用柜602负荷开关	控制电源：投入 电机电源：投入	分闸连接片：投入 合闸连接片：投入	远方

4.处理措施

将鹏飞路18号公用柜一次柜“远方/就地”把手切换至远方位置。

编制并上报线路“晨操”计划，2021年6月7日，晨操过程中，遥控鹏飞路18号公用柜602负荷开关分合闸，成功。

遥控失败原因分析

鹏飞路18号公用柜602开关柜上的“远方/就地”把手在就地位置，遥控回路电源被断开，导致遥控失败，快速复电失败。

暴露问题

（1）经查询巡视记录，最近一次巡视是在2021年4月28日，仅巡视一次设备，未按要求实施一、二次设备一体化巡视，对于二次设备关注不够，巡视的有效性低。

（2）经查询操作记录，最近一次操作是在2021年3月2日，查看终端信息记录，操作当日无遥控记录，无“柜门开启”遥信，说明负荷开关操作采用操作杆在负荷开关机构操作。

（3）OCS系统可集中巡检DTU“远方/就地”把手位置，尚不能巡检开关柜上的“远方/就地”把手位置。

提升措施

（1）推进一、二次设备一体化巡视，将一次巡视表单和二次巡视表单合并成一份巡视表单。

（2）将“远方/就地”把手等二次设备操作纳入操作票中，如图6-64所示。

（3）研究OCS系统查询开关柜上的“远方/就地”把手位置的功能，利用系统手段、数字化手段释放人力资源，提高发现缺陷的及时性和全面性。

自动化柜由检修转运行操作票

序号	操作步骤
1	核对设备运行方式
2	检查110kV某变电站10kV某线FXX某三遥公用柜08123456789各单元柜气压正常
3	检查110kV某变电站10kV某线FXX某三遥公用柜08123456789G01柜远方就地把手在远方位置
4	关闭110kV某变电站10kV某线FXX某三遥公用柜08123456789DTU柜门，并在柜门把手上取下“禁止合闸，有人工作”标示牌
5	在110kV某变电站10kV某线FXX某三遥公用柜08123456789 602断路器操作把手上取下“禁止合闸，线路有人工作”标示牌
6	拉开110kV某变电站10kV某线FXX某三遥公用柜08123456789 602断路器的接地开关
7	检查110kV某变电站10kV某线FXX某三遥公用柜08123456789 602断路器的接地开关在拉开位置
8	汇报操作发令人
9	再经操作发令人发令
10	投入110kV某变电站10kV某线FXX某三遥公用柜08123456789DTU柜602断路器分闸连接片
11	投入110kV某变电站10kV某线FXX某三遥公用柜08123456789DTU柜602断路器合闸连接片
12	合上110kV某变电站10kV某线FXX某三遥公用柜08123456789G01柜二次小室所有空气开关
13	合上110kV某变电站10kV某线FXX某三遥公用柜08123456789 601断路器
14	检查110kV某变电站10kV某线FXX某三遥公用柜08123456789 601断路器在合闸位置
15	检查110kV某变电站10kV某线FXX某三遥公用柜08123456789 601断路器带电指示装置在带电状态
16	将110kV某变电站10kV某线FXX某三遥公用柜08123456789DTU柜内远方就地把手切换至远方位置
17	操作完毕报调度

图6-64 自动化柜由检修转运行操作票

· 老坑工业区 1 号智能公用柜 604 断路器拒动分析 ·

事件概述

2020年12月28日19时34分，110kV某变电站10kV某线F43站内断路器跳闸。经查，故障点位于老坑工业区1号智能公用柜604断路器后段，老坑工业区1号智能公用柜604断路器保护动作、断路器拒动。

运行方式

故障时，10kV某线F43运行方式如图6-65所示，老坑工业区1号智能公用柜604断路器配置保护测控装置。

设备检查

（一）一次设备检查

线路跳闸后，现场检查老坑工业区1号智能公用柜604断路器、电缆头、零序TA无异常，老坑工业区1号智能公用柜气压正常。经查，老坑工业区1号智能公用柜604断路器后端电缆中间头绝缘击穿，故障位置如图6-65所示。

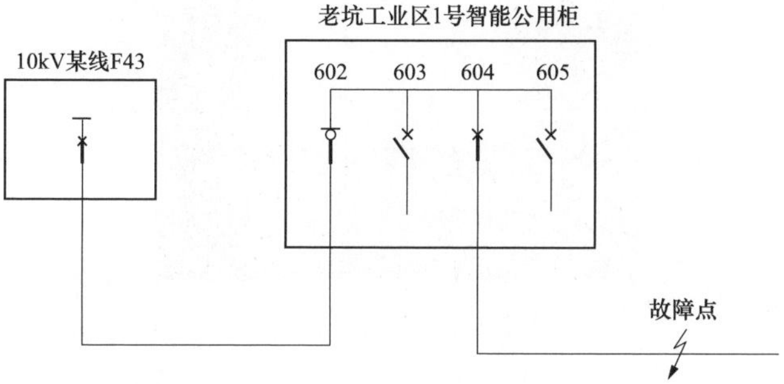

图6-65　10kV某线F43故障时运行方式图

（二）二次设备检查

1.保护定值与动作报告检查

10kV某线F43站内断路器保护、老坑工业区1号智能公用柜604断路器保护定值详见表6-21，站内开关与老坑工业区1号智能公用柜604开关保护定值满足上下级选择性要求。

表6-21　10kV某线F43站内外断路器保护定值信息表

设备名称	装置定值（二次值）	装置定值（一次值）	开关动作情况
10kV某线F43站内断路器	过流Ⅰ段：2.2A/0.3s； 过流Ⅱ段：0.72A/0.9s； 零序过流：0.4A/1.0s	过流Ⅰ段：2200A/0.3s； 过流Ⅱ段：720A/0.9s； 零序过流：60A/1.0s	跳闸
老坑工业区1号智能公用柜604断路器	过流Ⅰ段：12.5A/0.1s； 过流Ⅱ段：4.58A/0.5s； 零序过流：1.75A/0.5s	过流Ⅰ段：1500A/0.1s； 过流Ⅱ段：550A/0.5s； 零序过流：35A/0.5s	拒动

10kV某线F43站内断路器保护测控装置动作元件为零序保护动作。老坑工业区1号智能公用柜604断路器零序保护动作，见图6-66。

图6-66　零序保护动作

2.控制回路检查

604断路器二次控制回路如图6-67所示，1QK是“远方/就地”把手，21nD19是出口板19端子，KT是保护跳闸触点，21nD18是出口板18端子，21LP是跳闸出口连接片，2CKD5是跳闸出口端子，RDCU-CM/12是永磁驱动模块。

保护跳闸路径：1CKD2—21nD19—KT—21nD18—21LP—2CKD5，2CKD2接永磁驱动模块公共端，2CKD5接永磁驱动模块分闸命令开入。

解开2CKD2、2CKD5端子，现场对604断路器保护施加电流，使保护动作，同时用万用表“蜂鸣挡”，测量2CKD2与2CKD5，发出蜂鸣。由此可判断保护跳闸回路2CKD2至2CKD5之间控制回路和元器件均正常。

依据图6-67可知，二次控制回路中2CKD2、2CKD5均接永磁驱动模块。现场检查驱动模块，发现故障指示灯亮，如图6-68所示。

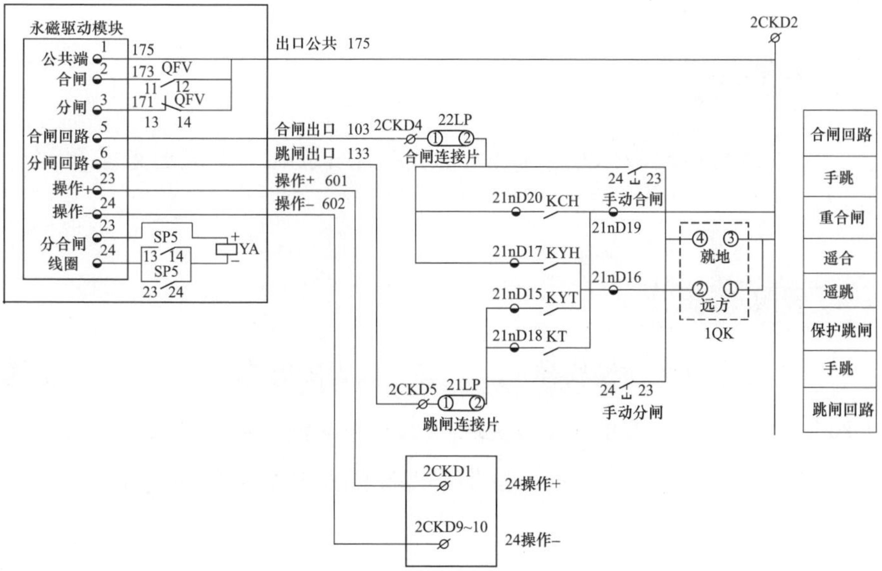

图6-67　二次控制回路

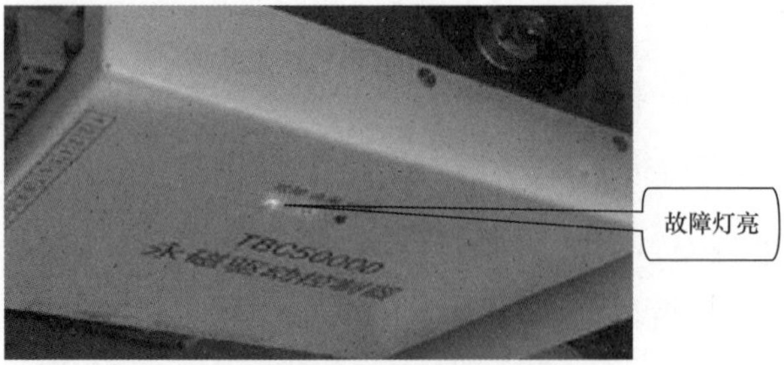

图6-68　永磁驱动器

3.处理措施

首先将电容放电，再更换永磁驱动器，更换后，进行继电保护试验，分别用过流Ⅰ段、过流Ⅱ段、零序过流保护传动断路器，均能正确动作。

分析与结论

经检查、分析与试验，永磁驱动器故障导致老坑工业区1号智能公用柜604断路器拒动。

暴露问题

永磁驱动器故障未纳入遥信上送至主站系统，不能通过系统巡检发现缺陷。

整改措施

（1）将永磁驱动模块异常、告警等接入配电终端装置开入，上送主站系统，运行人员可通过系统巡检永磁驱动模块运行状态；

（2）提升设备巡视质量，确保设备缺陷及时被发现和消除。

· 10kV 老坑线 F43 断路器越级跳闸分析 ·

事件概述

2020年12月28日19时45分，110kV某变电站10kV老坑线F43横平K01智能断路器跳闸。经查，文体智能公用柜602负荷开关后端用户设备发生接地故障。故障设备前端有文体智能公用柜604断路器、老坑工业区1号智能公用柜604断路器均未跳闸。

运行方式

故障时，10kV老坑线F43运行方式如图6-69所示，横平K01智能断路器、文体智能公用柜、老坑工业区1号智能公用柜均已投运，且均在线。

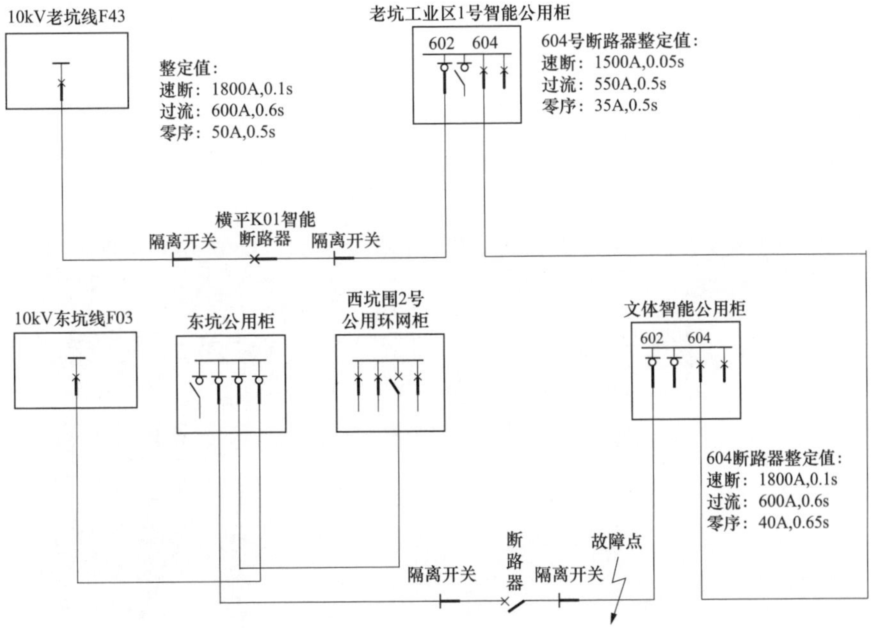

图6-69　10kV老坑线F43故障时运行方式图

设备检查及处理

1.一次设备检查

经查，文体智能公用柜602负荷开关后端用户设备故障。

2.二次设备检查

对横平K01智能断路器、老坑工业区1号智能公用柜604断路器、文体智能公用柜604断路器的装置零序保护定值、保护动作报告及断路器位置进行检查，检查情况见表6-22，可见，三台断路器保护定值失配。

表6-22　　现场检查信息表

设备名称	零序保护定值	零序保护	开关跳闸
横平 K01 智能断路器	50A/0.5s	动作	是
老坑工业区 1 号智能公用柜 604 断路器	35A/0.5s	动作	否
文体智能公用柜 604 断路器	40A/0.65s	否	否

导出保护测控装置故障录波，如图6-70所示，零序电流达到了21.7A，换算成一次值为21.7A×100/5=434A，故障持续时间约为0.56s。故障信息与保护定值对比，横平K01智能断路器和老坑工业区1号智能

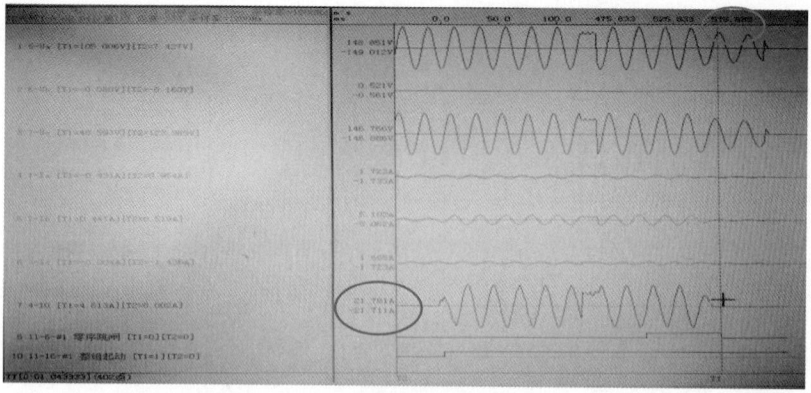

图6-70　零序故障电流录波图

公用柜604断路器保护均应动作，两台断路器应同时跳闸，而老坑工业区1号智能公用柜604断路器未跳闸。

老坑工业区1号智能公用柜604断路器拒动排查。

对于断路器拒动事件，优先排查二次回路及元器件，再检查电动操作机构。控制回路如图6-71所示。

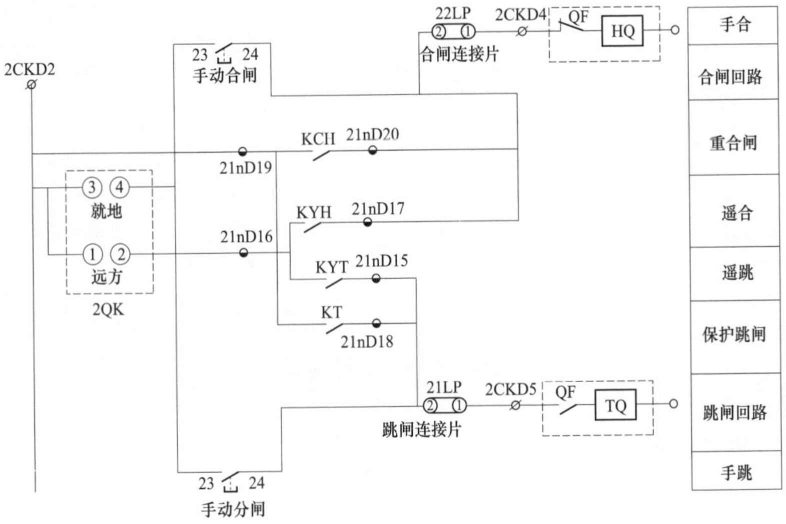

图6-71　老坑工业区1号智能公用柜控制回路图

采用分段法，检测二次回路及元器件的完好性，断开控制回路空气开关，使用万用表的蜂鸣挡，测量2CKD2和21nD19，万用表发出蜂鸣；加量做保护试验，在保护动作的情况下，测量2CKD2和21nD18，万用表发出蜂鸣；测量21nD18与21LP1、2CKD5，万用表发出蜂鸣。说明控制回路前段正常。

控制回路后段如图6-72所示，关断永磁驱动电源或解开电源线，测量2CKD5与永磁驱动模块跳闸开入CM的6号端子，万用表发出蜂鸣。

在关断永磁驱动模块电源时，发现永磁驱动的“故障”指示灯亮，如图6-68所示，永磁驱动器故障。

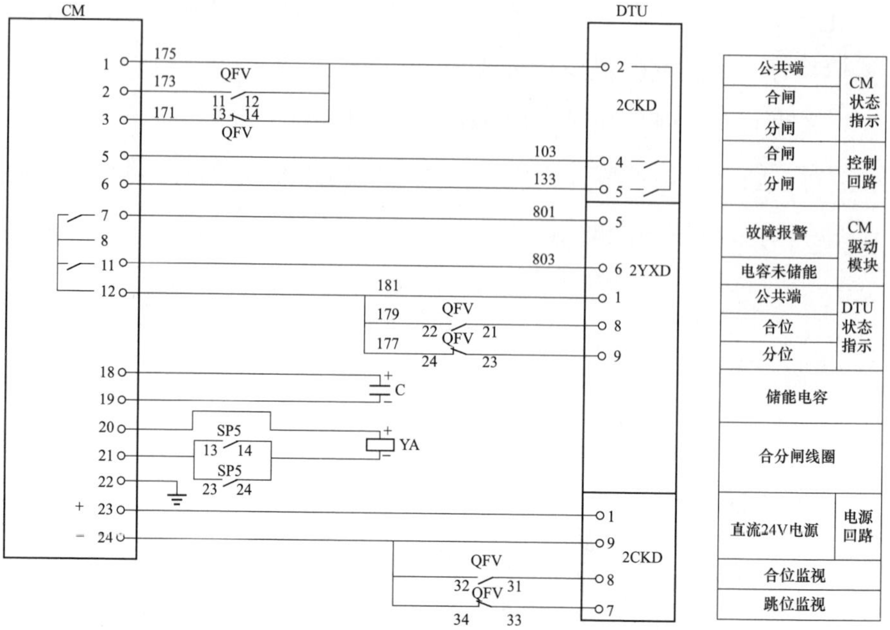

图6-72 控制回路后段

3.处理措施

现场更换了永磁驱动器，“故障”指示灯熄灭。

2021年1月6日，申请对老坑工业区1号智能公用柜停电检修，对604断路器开展继电保护传动试验、遥控分合闸试验，断路器分合闸正确。

据了解，图6-69为临时运行方式，按照有关规定，临时方式运行超过7天，需按照临时方式修改保护定值，鉴于该临时方式预计运行至少15天，对横平K01智能断路器、老坑工业区1号智能公用柜604断路器、文体智能公用柜604断路器的装置定值重新整定，定值一次值见表6-23。

表6-23　　临时运行方式下的保护定值

设备名称	速断保护定值	过流保护定值	零序保护定值
横平K01智能断路器	1800A/0.2s	600A/0.7s	50A/0.8s
老坑工业区1智能公用柜604断路器	1600A/0.1s	540A/0.5s	40A/0.6s
文体智能公用柜604断路器	1800A/0s	490A/0.3s	35A/0.4s

结论

本次事件的原因为定值失配和老坑工业区1号智能公用柜604断路器永磁驱动故障。

故障时运行方式为临时方式，横平K01智能断路器、老坑工业区1号智能公用柜604断路器和文体智能公用柜604断路器保护定值失配，造成上述前两台开关保护同时动作。

暴露问题

（1）线路在转供电时，临时运行方式下的配电终端定值变化管理不到位，未按相关要求调整定值，导致定值失配，保护越级跳闸。

（2）有效巡视有待提升，对于永磁驱动器、继电器关键元器件应重点关注。

整改措施

（1）按照相关要求，临时方式预计超过7天，必须调整定值，避免定值失配。

（2）将永磁驱动故障信号接入配电终端，上送至主站系统，运行人员可在系统上巡检，提升工作效率。